上海财经大学中央高校双一流引导专项资金、中央高校基本科研业务费资助

心理测量通识

钱 革 编著

内容提要

本书主要内容包括心理测量与测验的性质、心理测验主要理论、智力与智力测验的性质、智力测验的分类介绍、学绩与学绩测验的性质、学绩测验的分类介绍、人格与人格测验的性质、人格测验的分类介绍。本书系作者为上海财经大学本科生开设的通识选修类课程"心理测量"所编写的教材，亦适合其他高校开设心理测量通识课时使用，并可供各级各类学校教师在进行教育教学科研时作为方法学参考。

图书在版编目(CIP)数据

心理测量通识/钱革编著. —上海：上海交通大学出版社，2025.4. —ISBN 978-7-313-32523-5

Ⅰ. B841.7

中国国家版本馆 CIP 数据核字第 20252NX357 号

心理测量通识
XINLI CELIANG TONGSHI

编　　著：钱　革
出版发行：上海交通大学出版社　　地　　址：上海市番禺路 951 号
邮政编码：200030　　电　　话：021-64071208
印　　制：上海新华印刷有限公司　　经　　销：全国新华书店
开　　本：710mm×1000mm　1/16　　印　　张：9.5
字　　数：83 千字
版　　次：2025 年 4 月第 1 版　　印　　次：2025 年 4 月第 1 次印刷
书　　号：ISBN 978-7-313-32523-5
定　　价：48.00 元

前 言

Foreword

目前，心理测量学教材已出版不少，均为心理学系专业课使用。本书系作者为上海财经大学本科生开设的通识选修类课程“心理测量”所编写的教材。为心理测量学通识类课程编写教材，本书是国内首做尝试。

高校开设心理测量学相关通识课程是完全必要的。对大学生来说，测量作为中学物理的第一个概念，从运用于自然和生物现象，延伸到社会和心理现象，有助于他们全面把握数字化世界这一当代最重要的理念。

当然，心理测量学专业课教材与通识课教材在编写上存在明显差异。就教学内容而言，本书与专业课教材的不同主要有两个方面。

一是有些内容对心理学专业的同学很重要，如心理测验的编制，通常要单设一章。但对于非心理学专业的同学，他们几乎不可能从事心理测验编制工作，因此，该章在本教材中被略去，只留一些最主要内容分散在相关章节加以介绍。这里一个特别情况是，教师自编测验这部分内容同学们在未来的工作中用到的机会相对较多，故在相关章节做了较详细的介绍。

二是尽量避免繁复的统计分析。比如，计算分半信度需要使用斯皮尔曼—布朗公式，理解这一公式需要一定的统计学预备知识。考虑到本课程系通识课程，同学们的统计分析水平差别很大，本教材中对此类问题的处理办法是：内容上只讲有这么一个公式及其作用，同时介绍如需要详细了解这一公式可以阅读哪些书籍，以备同学们在未来工作中的不时之需。

就逻辑体系而言，本教材开始于“测量”这一科学的基础概念和“测验”这一心理测量学的基础概念（1.1），结束于对以测量为基础的科学和以测验为基础的心理测量学的有用性和有限性的讨论（结束语）。全书以不断发展的测验理论为经，包括经典测验理论（1.2）、现代测验理论（1.3）、新一代测验理论（1.4）；以相关的心理学和教育学理论为纬，包括智力结构理论（2.1）、教育评价理论（3.1）、人格特质理论（4.1）；详细介绍了智力测验、学绩测验、人格测验这三种主要类型的心理测验。其中，智力测验的介绍包括：个别智力测验的年龄量表，以斯坦福—比奈智力量表为例（2.2）；个别智力测验的作业差异度量表，以韦克斯勒儿童智力量表为例（2.3）；团体智力测验，以瑞文推理测验为例（2.4）。学绩测验的介绍包括：标准化学绩测验的综合测验，以学术能力倾向测验为例(3.2);标准化学绩测验的单科测验,以全国大学英语四、六级考试为例(3.3);教师自编测验及其编制(3.4)。人格测验的介绍包括:经验效标法编制的人格自陈量表,以明尼苏达多项人格调查表为例(4.2);因素分析法编制的人格自陈量表,以16种人格因素问卷为例(4.3);投射技术,以罗夏墨渍测验为例(4.4)。

对于本书的出版,作为编著者,我首先要感谢上海财经大学对本书出版的资助,尤其感谢我所在的马克思主义学院院长丁晓钦教授、老领导章忠民教授、郝云教授、教研室主任裴学进教授对我的全方位关心和支持,感谢学院教学秘书叶琦甄老师和科研秘书庞明志老师为本书的出版所做的大量具体工作。其次,我要感谢曾经选修过“心理测量”这门课的成百上千的财大同学,“得天下英才而教育之”带来的自豪感正是激励我编写此书的最大动力。再次,我要感谢我最亲爱的妻子和孩子,每当看到身高一米九的儿子,我常在想:孩子延续了我的生命,而我的灵魂不正靠我写下的这些文字来传承吗?因此,我还要向那些为我的论文、时评、专著和教材的问世而辛勤工作过的来自《光明日报》《解放日报》、上海交通大学出版社、Springer Nature、Taylor & Francis Group、Sage Publications等中外新闻出版界的编辑朋友们表示由衷的谢意!最后,我还想感谢一下我自己,为我多年来的奋斗与付出,泪水和汗水。去年我从教满三十年时曾写了一首旧体诗,现录于此,以表达我愿为党和人民的教育事业奋斗不息的感怀。

苍悟谣·从教三十年

怀，
历历如昨三十载，
育千才，
粉笔染发白。

目 录

Contents

第4章 人格测验 085

第1章

心理测量的性质

1.1 心理测量

1.1.1 什么是测量

测量(measurement)是按照某种规则(包括理论的和操作的),用数值来描述观察到的事物及其属性的过程。日常生活中,测量比比皆是。最简单的例子是给小朋友量身高,这里的规则就是“儿童赤足笔直站立,用一根标准尺从头至脚去量”。而物理学实际上就是物理测量学,伽利略的物理学与亚里士多德的自然哲学,本质区别正在于是否进行实际的测量,这里最经典的案例即为伽利略在比萨斜塔上对物体下落时间的测量。正因为如此,中学生学物理,第一课即为“测量”。

一般认为,测量可在以下四种尺度的量表上进行。

(1) 定类测量(nominal measurement),也称为类别测量或定名测量,它是测量层次最低的一种。定类测量量表所能进行的逻辑和数学运算仅包括“等于”和“不等于”。

例如，电话号码即为定类测量量表，不同的电话号码只能相互区分，不具有大小关系，更谈不上相同单位和绝对零点了。比如上海的区号是021，北京的区号是010，我们绝不能因此说上海的电话号码比北京大。实际上，定类测量的计量水平是如此之低，甚至不一定需要数字，而使用符号即可。比如，一个群体中有多少男、多少女，这也是定类测量。

(2) 定序测量(ordinal measurement)，也称为等级测量或顺序测量。定序测量的取值可以按照某种逻辑顺序将研究对象排列出高低或大小，确定其等级及次序。定序测量所能进行的逻辑和数学运算除了“等于”和“不等于”，还有“大于”和“小于”。

比如，测量对某事物的态度，用5表示“非常喜欢”，4表示“喜欢”，3表示“无所谓”，2表示“不喜欢”，1表示“非常不喜欢”，这就构成了一个定序测量量表。这里能确定的是“非常喜欢”比“喜欢”更喜欢，并以此类推。但很难确定的是“非常喜欢”与“喜欢”之间喜欢程度的差别，和“喜欢”与“无所谓”之间的差别，是否相等，及以此类推。更难确定的则是喜欢程度的绝对零点。再比如，各类教育测验和考试的各个分测验的原始分数是不等距的，或者更确切地说，是否等距未知，因此，国际上几种著名的学绩测验，如学术能力倾向测验(Scholastic

Aptitude Test，SAT)、托福考试(The Test of English as a Foreign Language，TOEFL)、美国研究生入学考试(Graduate Record Examination，GRE)，考生的最终分数是通过对原始分数进行等距化转换而得出的。

(3) 定距测量(interval measurement)，也称为间距测量或区间测量。它不仅能够将现象或事物区分为不同的类别、不同的级别，而且可以确定它们相互之间的间隔距离和数量差别(单位)。定距测量所能进行的逻辑和数学运算除了“等于”“不等于”“大于”和“小于”，还有“加法”和“减法”。

如摄氏温标采用的就是定距测量量表。在摄氏温标上，我们可以认为 4℃高于 2℃，2℃高于 0℃，也可以认为 4℃和 2℃间的温差与 2℃和 0℃间的温差相等。但我们不能说 4℃是 2℃的 2 倍，因为在摄氏温标中不存在绝对零点。所谓绝对零点，通俗地讲，就是真的没有的意思。但 0℃不是没有温度，而只是人为设定地表示一个标准大气压下，冰水混合物的温度而已。进一步说，如果人们当时设定的 0 度是－1℃，那么 0℃就变成了这种温标中的 1 度，2℃变成了 3 度，4℃变成了 5 度。5 和 3 或 3 和 1 之间的差距还都是 2，好比 4 和 2 或 2 和 0 的差距都是 2。但很显然，4 是 2 的 2 倍，而 5 却不是 3 的 2 倍。这也就是为什么定距测量量表可以做加减法，却不能做乘除法的原因。

(4) 定比测量(ratio measurement)，也称为等比测

量或比例测量。定比测量除了具有上述三种尺度的全部性质之外，还具有一个绝对的零点(有实际意义的零点)。定比测量所能进行的逻辑和数学运算除了“等于”“不等于”“大于”“小于”“加法”和“减法”，还有“乘法”和“除法”。

典型的定比测量量表如量尺，一个人的身高用量尺量如果是0米，这只能说明这个人其实并不存在于我们的世界中，这个例子也体现了绝对零点的含义。定比测量量表的另一个例子是开氏温标，其单位与摄氏温标相同。但开氏零度是温度的绝对零度，是理想气体分子运动停止的极限状态，换算成摄氏温标是－273.15℃。显然，根据马克思主义哲学，这种绝对静止状态是不可能出现的，因此，绝对零度只能无限逼近而不可能达到。因此，我们不用担心到了绝对零度就没有温度，甚至我们的世界也消失了这种极端情况的出现。

表1.1列示了四种测量尺度的数学特性。

表1.1　四种测量尺度的数学特性

<table>
<tr><th></th><th>定类测量
(=、≠)</th><th>定序测量
(>、<)</th><th>定距测量
(+、-)</th><th>定比测量
(×、÷)</th></tr>
<tr><td>大小关系</td><td rowspan="3">无</td><td>有</td><td>有</td><td>有</td></tr>
<tr><td>相同单位</td><td rowspan="2">无</td><td>有</td><td>有</td></tr>
<tr><td>绝对零点</td><td>无</td><td>有</td></tr>
</table>

测量可分为直接测量和间接测量两类，前者是指无

须对被测量与其他实测量进行一定函数关系的辅助计算而直接得到被测量值的测量；而后者是指通过直接测量与被测参数有已知函数关系的其他量而得到该被测参数量值的测量。

直接测量和间接测量都可以是科学测量，其优劣不可泛泛而论，只能讨论对于特定测量对象的适用性。比如测量一个人的身高，就是直接测量，办法是“受测者赤足笔直站立，用一根标准尺从头至脚去量”。再比如用温度计测量一个人的体温，则属于典型的间接测量。这里直接测量的是温度计里液体体积的变化，然后根据热胀冷缩的原理推测出受测者的体温。

1.1.2　什么是心理测量

心理测量也是测量，因为它符合上述测量的定义。具体而言，心理测量是指依据一定的心理学理论，使用一定的操作程序，为人的智力和能力、人格和心理健康、教育成就等心理特性和行为确定一种数量化的价值。心理测量有狭义与广义之别，狭义的心理测量仅仅指以心理测验为工具的测量，本教材所介绍的心理测量即为狭义的。而广义的心理测量同时还包括用观察法、访谈法、问卷法、实验法、心理物理法等方法进行的测量。

如前所述，测量可在四种尺度上进行，包括定类测量、定序测量、定距测量和定比测量。从根本上讲，心理测量，包括智力测验、学绩测验和人格测验的原始分数是通过定序测量得到的，但心理学家却喜欢用定距测量量表来表现这些测量结果。这是因为大量的统计方法适合于等距测量所获得的数据。这就使我们面临两难的境地，一方面，如果我们坚持定序测量和定距测量的区分，这在逻辑上固然更加严谨，但如果不能深度运用统计学，心理测量学如何成为一门精密科学？另一方面，如果我们明知定序测量和定距测量的区别，却忽略它，这可能使我们在将统计方法运用于心理测量时出现大量错误推断。所幸的是，我们有若干变通方法与补救措施。

(1) 在统计上把测验分数转换成一个相等单位的量表，即把定序测量获得的数据转换到定距测量量表中。这个最简单的方式就是转化为标准分数，即 Z 分数。就大家比较熟悉的学绩测验而言，全国大学英语四、六级考试(National College English Test Band 4 and 6，CET)、汉语水平考试等国内考试和 TOEFL、GRE、SAT、IELTS 等国际考试均采用标准分，而非原始分数，来报告成绩。

(2) 现实主义的态度。我们经常遇到一种困境，即在很多时候，坚持了原则往往意味着原则本身可能会因此而不复存在，这时就需要一种现实主义的人生态度。如上所述，心理测量本质上是定序测量，但统计分析却主要是在定距量表上进行的，显然这里我们就需要有一种现实主义的态度。当然，在具体的测量和相关科研活动中，我们在用处理定距量表的方法处理未知其是否等距的心理测量的结果时，还是应该尽力做到最大限度的严谨和审慎。这里特别需要注意的是两极端数据的所谓“肥尾(fat tail)”问题。

(3) 实用主义的态度。这种态度是指任何有助于实现目标的手段都是“好”的，或至少是“有用”的。心理测量学上一个重要概念“效度”，即一个测验真的能够测量到它所欲测量的心理与行为特性的程度。心理测验编制目标实现程度的指标就是效度，只要能够提高测验的效度，数据的具体处理方法就显得不那么重要了。

如上所述，测量又分为直接测量和间接测量，两者本身并无优劣之分，都可以是科学测量，但也并不注定就是科学测量。如一度十分盛行的骨相学认为人的聪明程度与前额的高度或宽度有关，这是直接测量的思路，但后来的实证研究却发现，这种关联不具有统计学上的显著性。如果非要用直接测量，大脑皮层的复杂程度及沟回的多少或许是更好的指标，但在现代断层扫描技术出现之前，无法对活着的人进行该指标的测量，因此产生于近代的心理测量学主要采用间接测量的方法。

按照心理测量学奠基者们的思路，智力或人格特征等心理特性作为脑的特性不能直接测量，但人的心理必会在其具体活动和行为中有所表现，倘若我们对智力或人格特征这些测量对象有着明确的操作定义，便可根据它寻找一组刺激或作业，实际上就是一组测题或问卷，用以引起被试的行为，进而从中推论出其智慧能力或人格特征。

1.1.3 什么是心理测验

我们可以把心理测验定义为心理测量（狭义）的工具。工具对于科学研究的重要性显而易见：要测量遥远世界，需要有望远镜；要测量微观世界，需要有显微镜；而要测量我们的内心世界，目前可信（有信度）和有效（有效度）的工具就只有标准化心理测验。

心理测验又称为心理量表，但严格来讲，两者还是有区别的。量表在英语中的本义是指尺的刻度或刻度尺。当我们说测量量表时，偏向于“尺的刻度”的意思，说的是测量在何种尺度上进行。而我们说测验量表时，测验是指心理测量的工具，而量表则是标准化测验中的测量工具与解释分数的常模的结合。就是说量表是理论与实际结合的，更偏向于刻度尺的意思。正是由于这一原因，主要的智力测验都以量表命名，如斯坦福—比奈智力量表（Stanford-Binet Intelligence Scale，SBIS）和韦克斯勒儿童智力量表（Wechsler Intelligence Scale for Children，WISC）。

按测验对象分，心理测验可分为智力测验、特殊能力测验、学绩测验、人格测验等。

按测验人数分，心理测验可分为个别测验和团体测验。

个别测验只能由同一主试在同一时间内测量一个人。个别测验的优点是主试对被试的言语、情绪状态有仔细的观察，并且有充分的机会与被试合作，激起被试最大努力，所以其结果正确可靠。个别测验的缺点在于时间不经济，测验的手续复杂，需要训练有素者方能胜任。

团体测验可由一位主试同时测量许多人。各种教育测验都是团体测验，一部分智力测验也是团体测验。团体测验的优点是时间经济，主试不必接受严格的专业训练即可担任。它的缺点在于对被试的行为不能做切实的控制，所得的结果不及个别测验准确可靠。

按测验材料分，心理测验可分为文字测验和操作测验。

语言或文字测验可以测量人类高层次的心理功能，编制和实施都较容易。人类的心智能力不能完全以图形或实物测量出来，所以语言或文字测验应用范围较广，团体测验多采用它。然而它不能应用于语言有困难的人，而且无法比较语言文化背景不同的被试。

非文字测验或操作测验以图画、仪器、模型、工具、实物为测验材料，被试以操作表达。它的长处和短处正好与语言或文字测验相反。

按测验功用分，心理测验可分为预测测验和成就测验、难度测验和速度测验、普通测验和诊断测验。

预测测验用于推测某人在某方面未来成功的可能

性,智力测验和能力测验就属于此,多数根据作业分析的结果来选择测验材料。成就测验用于考查某人在某方面目前的成绩,一般教育测验就属于此,因此它所测量的是学生现在的成绩,往往根据作业样本来选择测验材料。

难度测验的功用在于测量被试的程度高低,其时间限制的标准通常是使95%的被试都有做完测验的机会。测题由易到难排列,以测量被试解决难题的最高能力。速度测验用于测量被试完成作业的快慢,它的测题难度相等,但严格限制时间,看在规定时间内做对几题。

普通测验用于考查一个人或一个年级的学生在某方面的大概程度,诊断测验则进一步诊断被试在某方面的特殊优点和缺点。教育上的诊断测验偏重发现学生困难之处,作为改进教学方法或进行补救教育的依据。

1.2 经典测验理论

1.2.1 经典测验理论概述

一般将测验理论分为经典测验理论(Classical Test Theory, CTT)、概化理论(Generalizability Theory, GT)和项目反应理论(Item Response Theory, IRT)三大类,或称三种理论模型。以随机抽样理论为基础,以真分数理论为核心理论假设的测验理论及其方法体系,统称为经典测验理论。

真分数理论是最早实现数学形式化的测验理论。它从19世纪末开始兴起，20世纪30年代形成比较完整的体系而渐趋成熟。50年代，哈洛德·格里克森(Harold Gulliksen)的著作使其具有完备的数学理论形式，而1968年弗雷德里克·洛德(Frederic Lord)和麦尔文·诺维克(Melvin Novick)的《心理测验分数的统计理论》一书，将经典真分数理论发展至巅峰状态。

1.2.2　经典测验理论基本假设与推论

所谓真分数是指被测者在所测特质(如能力、知识、人格等)上的真实值。而我们通过一定的测量工具(如测验量表和测量仪器)进行测量，在测量工具上直接获得的值(读数)叫观测值或观察分数。由于存在测量误差，所以观察值并不等于所测特质的真实值，换句话说，观察分数中包含真分数和误差分数。而要获得真实分数的值，就必须将测量的误差从观察分数中分离出来。为了解决这一问题，真分数理论提出了以下三个假设。

(1) 真分数具有不变性。这一假设的实质是真分数所指代的被测者的某种特质必须具有某种程度的稳定性，至少在所讨论的问题范围内，或者在一个特定的时期内，个体具有的特质为一个常数，保持恒定。

(2) 误差完全随机。这一假设有三个方面的含义。一是测量误差的平均数为零的正态随机变量。在多次测量中，误差有正有负。如果测量误差为正值，观测分数就会高于其实际的分数(真分数);如果测量误差为负值,则观测分数就会低于其实际的分数,即观察分数会出现上下波动的现象。但是,只要重复测量次数足够多,这种正负偏差会两相抵消,测量误差的平均数恰好为零,用数学式表达为 $E(E)=0$。二是测量误差分数与所测的特质即真分数之间相互独立。不仅如此,测量误差之间,测量误差与所测特质外其他变量之间,也相互独立。

(3) 观测分数是真分数与误差分数的和,即 $X=T+E$。

在上述三个基本假设的基础上,真分数理论作出了如下两个重要推论。

(1) 真分数等于实得分数的平均数,即 $T=E(X)$。

(2) 在一组测量分数中,实得分数的变异数(方差)等于真分数的变异数(方差)与误差分数的变异数(方差)之和,即 $S_X^2=S_T^2+S_E^2$。

经典测验理论在真分数理论假设的基石上构建起了它的理论大厦,主要包括信度、效度、项目分析、常模、标准化等基本概念。

1.2.3 信度

信度是测验理论中最重要的核心概念,指测量结果的一致性程度,亦称可靠性程度。在经典测验理论中信度被定义为：一组测量分数的真分数的方差（变异数）在总方差（总变异数）中所占的比例。

由于真分数的方差和误差分数的方差无法获得，因此信度概念还只是一个理想的构想的概念，不能直接计算。为了解决这一问题，经典测验理论提出了平行测验的概念。所谓平行测验是指能够对同一被试的同一特质做相同准确测量的不同测验形式（测验题目）。如果某一测验有许多平行式，则某被试可以在每一形式上获一个观测分数，这样就产生了一个观测分数的分布，这一分布的平均值被称作该被试的真分数。实际上，平行测验是一个构想的概念，要在实际测验的编制中实现是非常困难甚至是不可能的，最多只能是比较接近。

在平行测验假设的基础上，经典测验理论提出了估计测验信度的一系列方法，如表 1.2 所示。

表 1.2　三种主要信度及计算方法

信度类型	计算方法
重测信度	先对某个测验实施首测，过一段时间后对它进行再测，然后计算首测与再测所得分数的相关系数
复本信度	先对同一测验的一型或 A 型施测，然后在最短的时间内实施第二型或 B 型，再求它们得分的相关系数
分半信度	将一个测验分割为两个假定相等而独立的部分来记分，一般以项目的奇数为一组，偶数为另一组，求两者的相关系数，而后再用斯皮尔曼—布朗公式（Spearman-Brown formula）估计整个测验的信度

此外，经典测验理论还提出同质性的概念以保证反应的一致性，如克伦巴赫系数（Cronbach's alpha）、弗雷德里克·库德（Frederic Kuder）和马克·理查逊（Mark Richardson）提出的估计一致性的两个公式（K－R20 公式和 K－R21 公式）、荷伊特信度（Hoyt reliability）等都是进行同质性估计的重要方法。

1.2.4 效度

测量的效度是指测量结果的有效性程度，也就是已测到的质和量与主试者欲测的质和量相符合的程度，有时也称效度为正确性。效度是任何一种测评必须解决的首要问题，有效性决定了对测量效度的考察是一个很复杂的问题，特别是对人的潜在特质的测量，因为潜在特质并不是一个看得见摸得着的物质实体，而是一种观念构想。对潜在特质的测量只能采用间接的方法，其测量模型可用行为主义的公式刺激—反应（stimulus-response，S－R）表示，在测量过程中我们所能控制的是呈现给被试的刺激 S，所能观测到的是被试在一定测量情景下对刺激 S 的反应 R。而潜在特质介于 S 和 R 之间，在这一中间过程对 S 传入大脑的信息作出了处理，处理后的信息以 R 方式输出。简单地说，效度要弄清楚的是在 S 信号传入大脑后，哪种（哪些或最主要是哪一种）特质参与了对输入信号的处理。

经典测验理论对效度问题提出了诸多解决方案，因而有很多效度名称，如同时效度、预测效度、表面效度、相容效度、协同效度、假设效度、效标关联效度、实证效度、经验效度等等。为了规范效度问题的研究与解释，美国心理学会在 1974 年将测量的效度分为三大类，如表 1.3 所示。

表 1.3　三类主要效度

效度类型	概念含义
内容效度	测验的内容对欲测范围内内容的代表性程度
结构效度	测量结果与测验的理论假设之间的一致性程度
效标关联效度	测量的结果与某种外在效标之间的一致性程度，一般用测验分数与效标之间的相关系数表示

学绩测验较容易获得较高的内容效度，而对这类测验也往往注重考察它们的内容效度。对于智力测验、人格测验、态度测验、品德测评等，其内容效度的考察往往比较困难，而采用效标关联效度较多。效度的检验不是一次就能完成的，往往要通过累积证据的方法不断积累效度资料来证实它的有效性，在根据某一理论结构模型（智力、个性等）编制测验时特别注重结构效度，它正是通过累积证据的方法来获得支持的。

1.2.5　项目分析

为了提高测验的信度和效度，经典测验理论特别注重测验项目的质量，除了深入研究试题的类型和功能以及编制技巧外，还发明了一系列筛选、甄别项目的方法，统称为项目分析，其中最主要的是难度分析和区分度分析（见表1.4）。

表1.4 项目分析的方法

方法	主要指标	计算公式	说明
难度分析	通过率	$P=(R \div N)\times 100\%$	P：测题难度，N：全体被试人数，R：答对该题的人数
区分度分析	鉴别力指数	$D=P_H-P_L$	D：鉴别指数，P_H：高分组通过人数百分比，P_L：低分组通过人数百分比

1.2.6 常模

经典测验理论认为，仅凭测验试卷上的得分无法获得被试个体确切地位的信息。为了对测验的分数进行合理的解释，提出常模的概念。所谓常模，即从某一总体中抽取的被试样本在该测验上得分的分布，以常模团体的平均数或中位数为参照点，将个体的分数标定在高或低于参照点的某一位置以确定该被试在团体中的相对地位。这种标定可以将原始分数转换成量表分，或称导出分数。经典测验理论将这种类型的测验称为常模参照测验，与此相对应的称为标准参照测验，即在一定的行为领域中按照具体的行为标准水平对被试的测验结果作出直接解释的测验，其测验分数的解释与转换方法有所不同。

1.2.7　标准化

标准化是指对测验实施程序、对象范围、施测环境、测试方式、测验时限、分数解释（常模）做了统一的规定，使测验能够在异时、异地、不同的主试等条件下进行，并能得到同等有效的测验结果。标准化的思想主要来自自然科学中对实验条件进行严格控制以降低测量误差，其方法主要源自实验心理学中对无关变量和干扰变量控制的方法。

1.3　现代测验理论

现代测验理论包括概化理论和项目反应理论。

1.3.1　概化理论

1）概化理论的提出及对经典测验理论的批评

凡测量都有误差，误差可能来自测量工具的不标准或不适合所测量的对象，也可能来自工具的使用者没有掌握要领，也可能是测量条件和环境所造成，也可能是测量对象不合作所引起。总之产生测量误差的原因多种多样，而经典测验理论仅以一个E就概括了所有的误差，并不能指明某种误差或在总误差中各种误差的相对大小如何。这样对于测量工具和程序的改革没有明确的指导意义，只能根据主试自己的理解去控制一些因素，针对性并不强。鉴于此种情况，20 世纪 60—70 年代，李·克伦巴赫(Lee Cronbach)等人提出了概化理论。

2）概化理论的基本假设与概念

概化理论提出测量情境关系这一核心概念，认为应该在测量的情境关系中具体考察测量工作。概化理论提出了多种真分数与多种不同的信度系数的观念，并设计了一套方法系统辨明实验性研究多种误差方差的来源。此外，用“全域分数”代替“真分数”，用“概括力系数(generalizability coefficent，G 系数)”代替“信度”。

测量工作中要认识和应用的心理特质水平是测量目标，而构成测量条件与具体情境关系的因素被称为测量侧面。如学生阅读能力测验，其目的是对学生阅读能力进行测量，因此阅读能力就成为测量目标，此外，试题的水平和评分者等因素也会影响测验的总变异，这两个因素就是测量侧面。概化理论强调测量目标是具体的，并不是绝对固定不变的，因而全域分数也就不固定，可以有多种。

同时，概化理论把全域分数方差与总方差的比称为概括力系数，而总方差可以分成全域分数方差和误差分数方差。当误差分数方差增大时，概括力系数降低，信度降低。反之，当全域分数方差增大，而误差分数方差不变，则概括力系数增大，信度提高。总之，随着测量情境关系的变化以及测量目标与侧面的变动，同一批资料可能有多种不同含义与取值的概括力系数。

将测量拓展到根据测量结果所作出的推论或决策质量的评估。在概化理论中，理论估出各方差成分相对大小的过程叫作概化理论的概括研究阶段或G—研究阶段。概化理论并不能静止地分析各种误差来源，还要在G—研究的基础上，通过实验性研究进一步考察不同测验设计条件下的概括力系数的变化状况，作出最佳的设计决策，从而为改进测验的内容、方式方法提供有价值的信息，这一阶段被称作决策研究或D—研究阶段。

3）概化理论的评价

概化理论在研究测量误差方面有很大的优越性，能针对不同测量情境估计测量误差的多种来源，为改善测量、提高测量质量提供有用的信息。其缺陷是统计计算相当繁杂，需要借助一些统计分析软件解决这一问题。

1.3.2 项目反应理论

1）项目反应理论的提出及对经典测验理论和概化理论的批评

如果说概化理论是从信度研究这一角度对经典理论的拓展，那么从经典测验理论到现代测验理论的标志应该是美国心理测量学家洛德在1952年首次提出双参数正态肩形曲线模型，标志着项目反应理论的诞生。在项目反应理论看来，无论是经典测验理论还是概化理论，测验内容的选择、项目参数的获得和常模的制定，都是通过抽取一定的样本(行为样本或被试样本)，因此可以说二者都建立在随机抽样理论基础之上。它们的局限性主要表现在以下若干方面：测量结果的应用范围有限，测量分数依赖于具体的测验内容，测量参数依赖于被试样本，等等。

2) 项目反应理论的基本假设与概念

项目反应理论假设被试有一种潜在特质，潜在特质是在观察分析测验反应的基础上提出的一种统计构想。在测验中，潜在特质一般是指潜在的能力，并经常用测验总分作为这种潜力的估算。具体而言，项目反应理论有三条基本假设，如表 1.5 所示。

表 1.5 项目反应理论的基本假设

假设	内容
能力单维性	组成某个测验的所有项目都是测量同一潜在特质
局部独立性	对某个被试而言，项目间无相关存在
项目特征曲线	对被试某项目的正确反应概率与其能力之间的函数关系所作的模型

项目特征曲线(Item Characteristic Curve, ICC)又称项目特征函数，是一种根据测试所获得的考生能力参数和项目特征参数来表示考生可能答对率(成功率)的

项目反应理论模式的数学表示方法，同一条项目特征曲线所对应的项目参数是唯一的。

项目反应理论根据受测者回答问题的情况，通过对题目特征函数的运算推测受测者的能力。项目反应理论的题目参数如表1.6所示。

表1.6　项目反应理论的题目参数

参数	或称	意义
区分度	a	值越大，说明题目对受测者的区分程度越高
难度	b	值越大，说明受测者答对题目所需要的对知识点的掌握水平越高
猜测系数	c	值越大，说明不论受测者能力高低，都容易猜对

根据参数的不同，特征函数可分为表1.7所示的几类。

表1.7　项目特征函数的分类

分类	参数	优点	要求
单参数模型	难度	比较简单	对项目参数性质的要求较为苛刻
双参数模型	难度、区分度	同时考虑了项目的难度和区分度	要求项目的猜测系数较小
三参数模型	难度、区分度、猜测参数	涵盖较多项目信息	给参数估计带来更为复杂的工作

此外，信息函数是项目反应理论中用以刻画一个测试或一道试题有效性的工具，是直接反映测验分数对学生能力估计精度的指标。

项目信息函数是项目反应理论的核心概念，这个基础性的概念对测验的应用领域产生了诸多影响。信息函数值越大，这种估计就越精确。项目信息函数反映了不同特性（参数）的项目在评价不同被试特质水平时的信息贡献关系。

测验信息函数则是项目信息函数的累加和，反映了整个测验在评价不同被试特质水平时的信息贡献关系，测验提供的信息量越大，则该测验在评价该被试特质水平时越精确。

测验信息函数和项目信息函数有以下几个重要性质。

（1）每个项目所提供的信息量是它所测被试特质水平的函数，因而项目及测验信息函数值均是针对某一被试特质水平来说的，随被试特质水平取值的不同而变化。

（2）每个项目在某一特质水平处所能提供的信息量受项目自身特质的影响，区分度越大，猜测可能越小，所能提供的信息量越多。

（3）每个项目所提供的信息不受其他项目的影响，测验中各项目均独立地对测验总信息做贡献，项目信息函数具有可加性，测验信息函数等于所含全部项目的信息函数的和。

(4) 测验信息函数在某一特质水平上的值的平方根的倒数,就是该点特质水平估计值的估计标准误差。

3) 项目反应理论的评价

一般认为,项目反应理论代表了现代测验理论的发展方向。与经典测验理论和概化理论相比,项目反应理论具有以下优点:其是通过统计调整控制误差的最好方法;其项目参数的估计独立于被试样本;项目特征曲线是被试作答正确的概率对其潜在特质水平的回归;其能力参数与项目难度参数具有配套性;通过其模型测得的被试能力水平,可以精确估计测量误差。

项目反应理论的优良特性确实是测评希望达到的理想状态,但也存在着一定的局限性。首先,它假定所测的特质是单维的,这只是一种理想状态,在现实中很难满足这一假设。其次,现有的项目反应理论模型主要是针对二级评分试题,即只有正确与错误两种答案的试题,而对多级评分的试题模型虽说有一些探索,但还不是太成熟。最后,项目反应理论的参数估计不依赖于特定的样本,要使参数的估计具有稳定性,需要大样本才可以,而在现实的测评中要对大量的试题进行大样本测试以获取稳定的参数估计值,要投入的人力和物力都是相当可观的。上述问题制约了项目反应理论在实践中应用的推广。

1.3.3 经典与现代测验理论的比较

经典测验理论在处理大规模标准化考试等中观问题时依然具有优势，概化理论则在对测试结果进行推论的宏观层面发挥着重要作用，而项目反应理论在微观分析方面表现特别出色，其代表了现代测验理论的发展方向。接下来要介绍的所谓下一代测验理论正是从项目反应理论发展而来。总之，这三种理论相辅相成，共同推动心理测量科学和心理测验实践的进步。

1.4 测验理论的最新发展

1.4.1 标准测验理论与新一代测验理论的分野

罗伯特·米斯勒维（Robert Mislevy）于 1993 年将测验理论分为标准测验理论阶段和新一代测验理论阶段。所有经典和现代测验理论，包括经典测验理论、概化理论和项目反应理论都被划入了他所谓的标准测验理论。他认为，标准测验理论在本质上是把被测的心理特质视为一个心理学意义并不明晰的统计构念，其目的在于从宏观上给被测一个整体的评估。因此，标准测验理论在强调被试宏观层面能力水平测量及评估的同时，忽略了被试微观的内部心理加工过程的测量及评估，从而缺乏对被试内部心理加工机制的研究，这种研究视野被称为“能力水平研究范式”。

随着心理测量学和认知心理学的进一步发展以及

现代教育技术水平的进步，教育者与学习者都希望得到更具体的、细微水平的测量与诊断评估。1993 年，诺尔曼·弗雷泽里克森(Norman Frederiksen)、罗伯特·米斯勒维(Robert Mislevy)和伊萨克·贝嘉(Issac Bejar)在所著的《新一代测验理论》(*Test Theory for a New Generation of Tests*)一书中正式提出了新一代测验理论的概念，标志着新一代测验理论的诞生。新一代测验理论强调测验应同时在宏观和微观、能力水平和认知水平的评估并举两种研究视野下进行。因此，具有心理学理论支撑的新一代测量理论的结果，兼顾了个体宏观能力水平和微观内部加工过程评估。新一代测验理论除了对能力的定位以外，还形成了一种新的认知心理学的研究范式。

总之，认知心理学对被试问题解决加工过程的深入认识，为心理与教育测验的编制与分析提供了新的思路，也成为教育评价领域新的里程碑。无论是经典测验理论还是项目反应理论，被试的能力均按顺序排列在特定能力或特质的连续体上，而认知诊断模型(Cognitive Diagnostic Model, CDM)能够提供丰富学习历程和准确学习成果的诊断信息。考生在测验中的表现被看作一系列动态心理过程的加工结果，将动态的心理过程抽象为认知属性，便可以将测验题目与认知属性对应起来——Q 矩阵，进而通过建构更加精致的模型来推断考生在测验所考查认知属性上的知识状态，从教学角度帮助学生尽快查漏补缺，为实现因材施教奠定基础。

1.4.2 新一代测验理论的发展

如上所述，在新一代测验理论中，认知诊断是核心，尤其在当前大数据背景下，基于机器学习的认知诊断被推到了风口浪尖。在此背景下，认知诊断技术可被分为静态和动态两类。

1）静态认知诊断

静态认知诊断的目标是对学习者在某一给定时间段的学习数据进行整体研究，综合分析这些数据得到且仅得到学生当前的知识掌握水平，进而预测学生在未观测的题目上的表现。静态认知诊断方法主要可以分为三种类别：矩阵分解、用户画像和机器学习优化的认知诊断方法。矩阵分解中最典型的方法是概率矩阵分解和非负矩阵分解；用户画像中典型的方法是潜在狄利克雷分配；而机器学习优化的方法则以近年来提出的引入模糊逻辑的认知诊断模型、知识加猜测反应模型以及神经认知诊断为主。

2）动态认知诊断

学习过程是动态的而不是静态的，学习者会不间断做大量的习题，学习大量新的知识，因而他们的认知水平随着学习过程在动态变化。为了能够在任意时刻及时给出对学习者认知水平诊断情况的反馈，从而及时调整学习资料以及学习方案，动态地对学生认知水平进行诊断是迫切需要的。动态认知诊断又被称为知识追踪，已有的研究主要可以分为两类：传统知识追踪与深度知识追踪。

3）传统知识追踪

贝叶斯知识追踪（Bayesian knowledge tracing, BKT）是一个在 1994 年最早被提出来的知识追踪模型。它是一个两阶段的动态贝叶斯网络，将学习者的表现情况看作可观测变量，将学习者的知识状态看作隐变量，并且假设每一个知识点都只被一道试题所测试。表现因子分析（performance factors analysis, PFA）是另一种传统知识追踪法，着重于对学习者进行建模，它由学习因子分析（learning factors analysis, LFA）重构而来，对学习者的表现情况有高度的敏感性，并且 PFA 还可以很大程度上取代 BKT，并不需要 BKT 中所做的假设，能够实现多知识点测试。近年来，陈玉英、刘淇和黄振亚等人设计了知识熟练度追踪（knowledge proficiency tracing, KPT）模型对学习者进行诊断，并且有着良好的可解释性。

4）深度知识追踪

传统知识追踪模型虽然取得了不错的实验效果，但是难以满足当前教育大数据需求，应用场景单一。2015 年，第一个深度知识追踪（deep knowledge tracing, DKT）模型诞生。DKT 是一种序列到序列的循环神经网络模型，每一个时刻的输出是对下一个时刻学习者表现情况的预测。由于 DKT 的效果完全碾压了传统知识追踪方法，表现突出，后来有越来越多的 DKT 变体不断被提出。比如，DKT－Tree 通过决策树加入了更多的题目属性；DKT＋forgetting 在 DKT 中引入了三种遗忘特征；PDKT－C 融合了知识点先后序关系；动态键值存储网络（dynamic key-value memory networks，DKVMN）模型将学习者的学习过程建模为读和写两个过程；练习增强递归神经网络（exercise-enhanced recurrent neural network，EERNN）模型提出用试题文本来增强深度知识追踪；练习感知的知识追踪（exercise-aware knowledge tracing，EKT）模型使用内存网络衡量学习者在学习每一道练习题时，对其多维知识掌握的影响程度，其精确性和可解释性都优于以往的模型。

第 2 章

智力测验

2.1 智力与智力测验的性质

2.1.1 智力的概念

以下是几位著名心理学家对智力的定义及从心理测量角度所做的简要评论。

（1）刘易斯·麦迪逊·推孟（Lewis Madison Terman）认为，智力是抽象思维的能力。

这种说法在教育实践工作者看来肯定是有问题的，因为大家都认可的说法是抽象思维是智力的核心，但核心不等于全部。在教育教学实践中，具体感知经验对培养智力也很重要。不过，智力并非看得见、摸得着的统计实体，而是一种统计构念，一个测验到底在不在测智力通常是通过其结果与效标之间的相关性，即效度的高低来评估的。智力测验最主要的效标是学业成绩，而学业成绩显然与抽象思维能力高度相关。按照“智力是抽象思维的能力”这一观点所编制的智力测验往往与学业成绩相关很高,因而被认为真的在测智力。这是一种典型的实证主义思维方式。

(2) 路易斯·威廉·斯特恩(Louis William Stern)认为,智力是指个体有意识地以思维活动来适应新情况的一种潜力,是个体对生活中新问题和新条件的心理上的一般适应能力。

达尔文的进化论中适者生存的思想深刻地影响了各门社会科学,当然也包括心理学。为了生存,猎豹靠迅猛,老鼠靠地遁,人则靠智慧。因此,从普通心理学的角度看,说智力是一种适应能力应该大致不差。但适应的能力非常复杂,如何运用心理测验的方式对适应能力进行测量,目前看来还是有一定难度的。

(3) 伯德特·伯金汉(Burdette Buckinghan)认为,智力是学习的能力。

就广义而言,学习是指人及动物在生活过程中获得行为经验的过程。从这个角度看,将智力定义为学习能力或通过学习适应新环境的能力,其实意思都差不多。这里值得一提的是,将智力定义为学习的能力,容易产生智力是学习的原因这一推论。实际上,智力不仅是学习的原因,也是学习的结果。

(4) 大卫·韦克斯勒(David Wechsler)认为,智力是个人行动有目的、思维合理、应付环境有效的一种聚集的或全面的才能。

这是一种综合的观点，包含了言语智力与非言语智力以及智力与非智力因素的统一，这一观点对我们编制智力测验及提高其效度很有帮助，以后会结合具体的智力测验进一步分析。

（5）让·皮亚杰（Jean Piaget）认为，智力的本质就是适应，使个体与环境取得平衡。

如前所述，将智力定义为适应能力中的一种，对此分歧不大。但适应能力非常复杂，要进行测量，首先就要弄清楚适应机制等一系列相关问题。皮亚杰作为一位发展心理学家，对适应的机制有着精深研究。皮亚杰提出认知发展的实质就是适应，是儿童的认知在已有的图式的基础上通过同化、顺应、平衡，不断从低级向高级发展的过程。皮亚杰的理论主要基于发展心理学，若要用来指导心理测验编制，还有较大距离。

（6）乔伊·吉尔福德（Joy Guilford）认为，智力是对信息进行处理的能力。

数十年以来，从信息处理乃至人工智能的角度去理解人类智力现在已成科学界时尚，并且已取得丰硕成果。但我们应该避免再次出现当年朱里安·奥弗鲁·德·拉·梅特里（Julien Offray de La Mettrie）“人是机器”这种简单化思维对心理与行为科学的负面影响，保持清醒的头脑以认清人类智力作为一种自然智能与至少现在这种形式的人工智能所存在的本质区别。

综合以上各位心理学家的观点，可以将智力定义为:个体的各种认知能力的综合,特别强调解决新问题的能力、抽象思维、学习能力以及对环境的适应能力。

2.1.2 智力测验的基础:智力结构理论

智力测验的理论基础除了第1章介绍过的各种测验理论作为其方法论基础[①],其心理学基础是各种智力结构模型理论。关于智力的结构,古代的圣贤或也曾思考过,而现代心理学家主张运用计量和实证的方法去探讨这一问题,并在20世纪经历了三个不同取向的阶段。60年代前是因素分析,60年代为信息加工,80年代后又有人主张智力的层面,不管哪种取向,都认为智力是一种多元的结构。主要的智力结构理论包括二因素论、群因素论、流体智力和晶体智力理论、智力层次结构理论、智力三维结构模式理论、智力三元理论、卡特尔—霍恩—卡罗尔智力理论(Cattell-Horn-Carroll theory of intelligence, CHC理论)、多元智力理论等,接下来主要介绍几种与心理测验关联最密切的智力结构理论。

1) 二因素论

英国心理学家查尔斯·爱德华·斯皮尔曼(Charles Edward Spearman)最早于1927年在智力研究领域中应用了因素分析,对后人影响很大。他发现个体在不同智力测验中的成绩高度相关,由此得出结论:存在一般因

① 长久以来,主导智力测验编制是经典测验理论,但近年来,在若干最新版本的智力测验中,项目反应理论等现代测验理论也得到了较广泛的应用。

素(general factor),简称G因素,这是所有智力操作的基础;与特殊智力相关联的因素就是特殊因素(specific factor),简称S因素。斯皮尔曼的智力结构理论被称为智力二因素论。在斯皮尔曼看来,人完成任何一种作业的过程都是由G和S两种因素共同决定。例如,一个人完成算术推理测验作业由G+S_a来实现,完成言语测验作业由G+S_b来实现。一般因素是一切智力活动的共同基础,虽然人人都有这种智力,但每个人具有这种智力的大小是不同的。特殊因素是个人完成各种特殊活动所必须具备的智力。一个人具有完成某种活动的特殊因素,不一定具备完成另一种活动的特殊因素。换言之,个人的S因素既有大小的区别,也有有无的区别。不论个人有几种S因素,这些S因素之间可能彼此独立,也可能彼此有些重叠,但是它们必定都含有一部分的G因素。斯皮尔曼还认为,G因素是智力结构的基础和关键,它代表一般的心理能量,各种智力测验的目的就是通过广泛的取样来求得G因素。图2.1展示了斯皮尔曼的智力二因素模型。

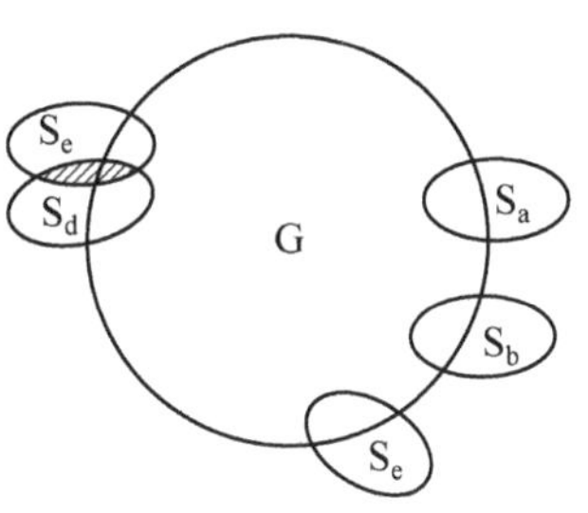

图2.1　斯皮尔曼的智力二因素模型

斯皮尔曼的理论简单明确,在很长一段时间内为智力测验提供了最重要的心理学理论基础,智力测验所测得的智力商数(intelligence quotient，IQ)可以被认为是G因素的数值，这曾经被认为是对智力测验而言最有用、最方便的假设。

2）群因素论

美国心理学家路易斯·列昂·瑟斯顿(Louis Leon Thurstone)提出智力的群因素论。他认为，智力是由一群彼此不相关的原始能力构成的，各种智力活动可以分成不同的组群，每一群中有一个基本因素是共同的。他对56种测验结果进行了统计分析，把智力归纳为7种基本心理能力(见表2.1)。

表2.1 瑟斯顿群因素论中的7种基本心理能力

能力	说明
语词理解	理解语词含义的能力
语词流畅	语言迅速反应的能力
数字运算	迅速正确计算的能力
空间关系	方位辨别及空间关系判断的能力
联想记忆	机械记忆能力
知觉速度	凭知觉迅速辨别事物异同的能力
一般推理	根据经验进行归纳推理的能力

至于二因素论与群因素论的分歧，瑟斯顿曾根据上述7种基本心理能力编制了著名的基本心理能力测验(primary mental abilities test，PMAT)，但测验结果和他的设想相反，各种能力之间都不同程度相关，尤其在年幼儿童中表现得更为突出。这样看来，二因素论和群因

素论并不是不可调和的。后来，瑟斯顿本人也承认可能有一种总的智力，但他依然强调分析各自的因子对智力的决定性作用。为了解释上述实证结果，也许需要一个发展心理学的视角。就是说，年幼儿童的智力结构由于尚未充分分化，因此瑟斯顿所谓的总的智力或斯皮尔曼所谓的 G 因素表现出更大的作用。总之，传统上智力测验坚持二因素论的智力结构观，并相应地给每个被测以唯一的 IQ 值作为其智力水平的指标。但对于成年被试，再从智力的若干侧面（不一定非要与瑟斯顿的 7 种基本心理能力一一对应）详加分析也有必要性和合理性。

3）智力层次结构理论

1961 年，英国心理学家菲利普·尤尔特·弗农（Philip Ewart Vernon）提出了智力层次结构理论。他以一般因素为基础，设想出因素间的层次结构。他认为，智力的第一层次是一般因素，即斯皮尔曼所谓的 G 因素；第二层次分两大群，即言语和教育方面的因素以及机械和操作方面的因素，叫大因素群；第三层为小因素群，包括言语、数量、机械信息、空间信息、用手操作等；第四层次为特殊因素，即各种各样的特殊能力。弗农的智力层次结构理论像生物分类学的分类系统那样来划分智力的结构。

就这种理论与智力测验的关系而言，智力层次结构理论认为，智力的第一层次类似于斯皮尔曼所谓的 G

因素;第二层次则分为言语和教育方面以及机械和操作方面这两大因素群。这种观点与韦克斯勒智力量表中既计算总体智商,又分别计算言语智商和操作智商,呈异曲同工之妙。

4）流体智力和晶体智力理论

美国心理学家雷蒙德·伯纳德·卡特尔(Raymond Bernard Cattell)于1963年和约翰·霍恩(John Horn)于1968年对瑟斯顿的7个因素进行了次级因素分析,结果发现不是有一个而是有两个主要因素。按心理功能上的差异,分别称为流体智力和晶体智力。流体智力是一个人生来就能进行智力活动的能力,即学习和解决问题的能力,它依赖于先天的禀赋。而晶体智力则是一个人通过其流体智力所学到的并得到完善的能力,是通过学习语言和其他经验而发展来的。晶体智力依赖于流体智力。如果两个人具有相同的经历,其中一个有较强的流体智力,那么他将发展出较强的晶体智力。然而一个有较高流体智力的人如果生活在贫乏的智力环境中,那么其晶体智力的发展将是低下的或平平的。

流体智力和晶体智力的区分,对智力测验的编制亦有重要影响。由于流体智力在G因素上的负荷最高,研究者通常将两者统合起来,称之为一般流体智力。一般认为,非文字智力测验,最著名者如主要智力测验的新版本,瑞文标准推理测验(Raven's Standard Progressive Matrices, SPM),所测者即为此种一般流体智力。若干国际主流智力测验的最新版本亦十分重视对这种流体智力的测量，如 2003 年发布的斯坦福-比奈智力量表第五版(Stanford-Binet Intelligence Scale Fifth Edition，简称 SB-5)从五个方面评估被测的认知和智力，包括知识、定量推理、视觉空间加工、工作记忆、流体推理。而在 2014 年发布的韦克斯勒儿童智力量表第五版(Wechsler Intelligence Scale for Children Fifth Edition，WISC-Ⅴ)里，五个主要得分指数包括言语理解指数(verbal comprehension index，VCI)、视觉空间指数(visual spatial index，VSI)、流体推理指数(fluid reasoning index，FRI)、工作记忆指数(working memory index，WMI)、处理速度指数(processing speed index，PSI)。其中，SB-5 所测的流体推理方面或 WISC-Ⅴ中的 FRI，很明显主要是测量流体智力。而 SB-5 所测的知识方面或 WISC-Ⅴ中的 VCI，则更偏向于对晶体智力的测量。此外，由于学龄儿童的智力发展更多地受到其所受教育的影响，虽同为韦克斯勒智力量表，但 WISC 更偏向于测量儿童晶体智力，而韦克斯勒成人智力量表(Wechsler Adult Intelligence Scale，WAIS)侧重对流体智力与认知效率的测试。

5) 卡特尔—霍恩—卡罗尔智力理论

CHC 理论经历了 1994—1999 年的第一代模型和 1995—2008 年的第二代模型。其用了约翰·比赛尔·卡罗尔(John Bissell Carroll)认知能力三层模型中的三层框架与卡特尔—霍恩能力模型中的流体智力和晶体智力概念，将探索性因素分析与验证性因素分析相结合，融合结构方程模型的研究方法，对认知能力各因素进行更为全面的考察，确立了目前被公认为全面描述人类认知能力的最佳层级模型，是近年来智力测量领域的重大进展。在 CHC 理论模型中，认知能力被分为具有不同广度的三个层级(见表 2.2)。

表 2.2　CHC 理论中智力的三个层级

层级	广度
最高层	代表最广泛的或最一般的能力水平，涉及高层次的复杂认知加工，是一般因素的代表
中间层	也称“广泛能力”，是人们最熟知的一些能力，包括液体智力、晶体智力、定量知识、阅读和写作能力、短时记忆、视觉加工、听觉加工、长时储存和提取、加工速度以及决策/反应速度
最底层	包括约 70 个可以直接测量的狭窄能力，它们按照特定的组织方式从属于中间层的广泛能力中

目前，CHC 理论已替代二因素论，成为编制智力测验最重要的心理学理论基础。国际主流智力测验在推出最新版本时，纷纷强调其与 CHC 理论的密切关联。SB－5 包括五个 CHC 广泛能力的综合得分。WISC－Ⅳ增添了 CHC 工作记忆、测验流体智力的矩阵推理和图片概念分测验等。WISC－Ⅴ在发布时声称其在设计上进一步加强了与 CHC 智力理论的统一性。

2.2　年龄量表:以斯坦福—比奈智力量表为例

2.2.1　年龄量表的性质

人的许多心理特质如智力、技能等,是随着时间的推移有规律地发展的,所以可将个人的成绩与各种发展水平的人的平均表现相比较。根据这种平均表现所制成的量表就是发展常模,亦称年龄量表。在此量表中,个人的分数表明其行为在按正常途径发展方面处于什么样的发展水平,年龄量表包括以下三类。

1）广义心理测量中的发展顺序量表

最直观的发展常模是发展顺序量表,它告诉人们多大的儿童具备什么能力或行为就表明其发育正常,相应能力或行为早于某年龄出现,说明发育超前,否则即为发育滞后。

2）智力测验中的智力年龄

比奈—西蒙量表(Binet-Simon Tests)中首先使用智力年龄(mental age, MA)的概念。开展儿童智力测验时,认为儿童的智力发展水平是随着人的实际年龄而增长的。因而要建立年龄常模,即求出标准化样本中每个年龄组的儿童所获得的平均分数。通过年龄常模可以查出儿童的智力发展水平相当于某一年龄阶段儿童的平均智力,这一年龄阶段就是某儿童的智力年龄,简称智龄。一个人的智龄和他的实际年龄有三种关系。聪明的儿童，其智龄高于实龄；愚笨的儿童，其智龄低于实龄；普通儿童，其智龄与实龄相当。在比奈—西蒙量表式的年龄量表中，每个题目放在大部分儿童都能成功完成的那个年龄水平，从而把题目分成若干年龄组。

与智力年龄相关的一个概念是智商，即智力商数（IQ），系个人智力测验成绩和同年龄被试成绩相比的指数。智商分为两种，即比率智商和离差智商。其中，比率智商与斯坦福—比奈测验关系密切，最早提出比率智商的心理学家是德国心理学家斯特恩，美国心理学家推孟在制定斯坦福—比奈量表时引入 IQ，并加以改进。IQ 是用智力年龄除以实际年龄（chronological age，CA）所得的商乘以 100，即比率智商。其计算公式为：

$$IQ = MA/CA \times 100$$

人的智商范围通常在 90～110 之间，超过 120 可能被认为是高智商，超过 140 则被认为是天才。80～90 属于临界状态，70～80 可能是轻度智力低下，70 以下可能是中度智力低下或智障。然而，智商测试结果可能受个体差异和特殊情况下技能或认知功能的影响，因此需要结合实际情况进行评估。

3）学绩测验中的年级当量

年级当量实际上就是年级量表，测验结果表明属于哪一年级的水平，在学绩测验中比较常用。

2.2.2　斯坦福—比奈智力量表简介

1）比奈—西蒙智力量表

1905 年，法国心理学家阿尔弗雷德·比奈（Alfred Binet）等制定出第一个真正有效度的心理测验，即比奈—西蒙智力量表（包括 30 个项目），1908 年和 1911 年进行了两次修订。

2）斯坦福—比奈智力量表

斯坦福—比奈智力量表是美国斯坦福大学教授推孟于 1916 年对比奈—西蒙智力量表修订而成的（SB－1），1937 年推出第二版（SB－2），1960 年推出第三版（SB－3），1986 年推出第四版（SB－4），2003 年推出第五版（SB－5），成为目前世界上广泛流传的标准测验之一。

图 2.2　心理测量之父阿尔弗雷德·比奈

比奈量表和接下来要介绍的韦克斯勒量表曾经代表智力测验编制的两种主要方法，前者是年龄量表，主要测量言语智力，采用比率智商；后者是作业差异度量表，同时测量言语智力和操作智力，采用离差智商。但目前看来，随着对智力本质问题研究的深入，两大量表在方法论上呈现趋同的状况。比如，SB－3 已放弃比率智商，而使用离差智商。SB－4 更是不再对测题按年龄分组，彻底将年龄量表转变成韦克斯勒量表一样的作业差异度量表，但保留了适应性测验的方法，即每一个体只需做难度适合于其实际水平的项目。再如，从 SB-2 开始，斯坦福—比奈智力量表提供了更广泛的非言语能力测试。从 SB-4 开始，除了提供一个总体智商以外，还提供晶体智力和流体智力等若干分测验的分数，这与韦克斯勒量表提供言语智商、操作智商及各个分测验的分数有相似之处。另外，SB-1、SB-2、SB-3 主要根据经典测验理论编制，而 SB-4 和 SB-5 的修订则明显受到了项目反应理论的影响。

本教材并非心理学专业课教材，而是非心理学专业的通识课教材，重在科学方法的教育。为了使同学们更好地理解作为编制智力测验两种主要方法之一的年龄量表，本教材以下介绍的主要为 SB-1 和 SB-2，尤其是 SB-3，因为 SB-4 和 SB-5 已经不再是年龄量表。

2.2.3 斯坦福—比奈智力量表第三版的测题与计分方法

SB-3 适用对象的年龄范围为 3～18 岁（最适用范围为 4～14 岁的儿童）。测验共分 17 个年龄组。3～14 岁，每一年龄组都有 6 道试题（项目），1 道备用题（项目），每通过一个项目得 2 个月。普通成人组和优秀成人Ⅰ、Ⅱ组各有 6 道试题，优秀成人Ⅲ组只有 3 道试题，全量表共有 112 道试题。表 2.3 列出了 5 岁组全部试题，表 2.4 列出了 7 岁组全部试题。

表 2.3　5 岁组全部试题

题项	试题
第一题	人像画上补笔
第二题	折叠三角，模仿将一张六寸见方的纸对角折叠两次
第三题	为皮球、帽子、火炉下定义
第四题	临摹方形
第五题	判断图形的异同
第六题	把两个三角形拼成一个长方形
备用题	用鞋带在铅笔上打个结

表 2.4　7 岁组全部试题

题项	试题
第一题	指出图形的谬误
第二题	指出两物的相同点（木和炭、苹果和桃、轮船和汽车、铁和银）
第三题	临摹菱形
第四题	理解问题，例如“如果你在马路上遇到一个找不到父母的三岁小孩，你应该怎么办？”等
第五题	完成相应的类比：雪是白，炭是（　　）；狗有毛，鸟有（　　）等
第六题	顺背五位数
备用题	倒背三位数

关于智力年龄的计算，如果一个儿童通过了一套 6

岁组的全部项目(6 岁以下各组的项目不用测,就算通过了),其心理年龄就是 6 岁。如果他还通过了 7 岁组的 2 个项目(代表 4 个月),8 岁组的一个项目(代表 2 个月),而 9 岁组和 10 岁组的测验都没有通过(10 岁以上各组就不必测了),那么,其心理年龄便是 6 岁 6 个月。

以下举例说明比率智商的计算。某童 2012 年 12 月 14 日出生,2023 年 9 月 10 日参加斯坦福—比奈智力测验,他的测验得分经查知道智力年龄为 11 岁 10 个月,则其实足年龄的计算方法如下。

  2023 09 10
－2012 12 14
―――――――
  ＝ 10 08 26
  ＝ 10 09

如果要借位,任何 1 个月都以 30 天计算,1 年以 12 个月计算;实足年龄得到的差数,满 15 天的进为 1 个月。

故该儿童的比率智商为:

IQ＝ 11 岁 10 个月×100/10 岁 9 个月 ＝ 142 个月×100/129 个月 ＝ 110

2.2.4 斯坦福—比奈智力量表第三版的信度与效度

各年龄阶段的 SB-3 信度系数如表 2.5 所示,SB-3 对于年龄越大的被试,其信度越高。

表 2.5 各年龄阶段的 SB－3 信度系数

年龄阶段	信度系数
2.5～5.5 岁	$0.83 < r < 0.91$
6～13 岁	$0.91 < r < 0.97$
14～18 岁	$0.95 < r < 0.98$

关于效度，SB－3 与学校成绩、老师评定的效度系数大部分介于 0.4～0.75。

2.2.5 对斯坦福—比奈智力量表第三版的评价

SB－3 中，语文材料较多，这体现了比奈、推孟等人对智力的理解，在他们看来智力是抽象思维过程，而抽象思维过程是概念形成的过程，要能运用语文、数字和其他符号，所以语文材料较多，运用在预测学习成功上它的效度就高，而对语文有障碍的人并不适用。SB－3 所得到的结果能说明被试的一般智能发展情形，而在显示特殊能力方面就不甚好。该量表主要以儿童为对象，对年纪较大的青年人或成人不太适用。

2.2.6 中国比内测验

1924 年，我国心理学家陆志韦对比奈—西蒙智力量表、斯坦福—比奈智力量表进行了修订，形成中国比内—西蒙智力测验，适用于江浙一带。1936 年，陆志韦和吴天敏教授对中国比内—西蒙智力测验进行了第二次修订，使其适用于北方。1979年，吴天敏主持第三次修订，1982年完成中国比内测验。

1982年版的中国比内测验共有51个项目，从易到难排列，每项代表4个月智龄，每岁3个项目，可测验2～18岁被试。在评定成绩的方式上，放弃了比率智商，而采用离差智商的计算方法来求IQ。中国比内测验必须个别施测，并且要求主试必须受过专门训练，对量表相当熟悉且有一定经验，能够严格按照测验手册中的指导语进行施测。

考虑到教育、医疗部门对智力测验的实际需要，吴天敏教授又编制了中国比内测验简编（简称"简编"）。它由8个项目组成，题目均选自第三次订正中国比内测验指导书。吴天敏认为简编项目减少，使用省时简便，虽粗略但尚属可靠。

经过我国心理测量工作者的不断努力，SB-4和SB-5目前都已有了中国修订版。

2.3 作业差异度量表：以韦克斯勒儿童智力量表为例

2.3.1 作业差异度量表的性质

以年龄为单位的量表，称为年龄量表，上述的比奈智力测验就属于此类。它所测量的是一个儿童的智力相当于哪一个年龄水平。现在要介绍的量表是作业差异度量表，韦克斯勒智力量表就属于此类。在比奈量表中，测题或项目按年龄排列，而韦克斯勒量表不是这样，它将测题或项目按智力的不同侧面分类，分成了若干个分测验，每种测验自成系统。譬如重述数目字，在比奈量表中重述三个数目字，隶属于某一年龄组，而重述四个数目字又隶属于另一年龄组，而在韦克斯勒量表中它们都属于数字广度的分测验。各分测验里的测题均按先易后难顺序排列。

制定年龄量表以假定心理年龄同实际年龄一起增长为基础，但事实并非如此。儿童在达到一定年龄之后，他们的心理年龄就不再随实际年龄增长，而稳定在一定的水平。在这种情况下，如再用智商表示一个人的智力水平，那将出现年龄越大智力越下降的情况。这说明用比率智商表示人的智力水平是有局限性的。

此外，韦克斯勒量表也不再用比率智龄的概念，而把一个人的智龄与同龄组正常人的智龄平均数之比确定为智商，即离差智商。离差智商表示一个人在同年龄组正常人中的相对地位。离差智商不受年龄影响，因此可以据此对各种年龄的被试进行比较。

2.3.2 韦克斯勒智力量表简介

韦克斯勒智力量表由美国心理学家韦克斯勒编制，是继比奈—西蒙智力量表之后为国际通用的另一套智力量表。韦克斯勒智力量表分为韦克斯勒—贝尔韦智力量表(Wechsler-Bellevue Intelligence Scale, W-BI)、韦克斯勒成人智力量表、韦克斯勒儿童智力量表和韦克斯勒幼儿智力量表(Wechsler Preschool and Primary Scale of Intelligence, WPPSI)等几个智力量表。

本教材系通识教育类课程教材,重点并不在学科前沿知识本身,而在通过学科知识进行科学精神与科学方法的教育。就智力测验而言,斯坦福—比奈量表和韦克斯勒量表不仅是两种主流的智力测验,也代表编制智力测验的两类主流方法。上文重点介绍的斯坦福—比奈量表第三版适用的年龄范围为3～18岁,这里介绍的韦克斯勒儿童智力量表适用的年龄范围为6～16岁。截至目前,韦克斯勒儿童智力量表共有五版,即编制于1949年的WISC,1974年修订的WISC-R,1991年修订的WISC-Ⅲ,2003年修订的WISC-Ⅳ和2014年修订的WISC-Ⅴ。

随着对智力本质问题研究的深入,两大智力测验的最新版出现了趋同的倾向。比如斯坦福—比奈量表用一个智力商数值来表示被试的智力水平,而作为某被测智力测验的结果,韦克斯勒量表除了给出总体智商外,还分别给出言语智商和操作智商。1986年公布的斯坦福—比奈量表第四次修订版共包含15个分测验,除了总体智商,还可以评定4个认知领域,即言语推理、抽象/视觉推理、数量推理和短时记忆,这已经非常类似韦克斯勒量表的设计思路。在韦克斯勒儿童智力量表第一版和第二版中，衡量智力的指标是3种合成分数，即言语智商、操作智商、总智商。第三版不仅保留了这3种合成分数，还包括4种基于因素的指数分数，即言语理解指数、知觉组织指数、抗干扰指数、加工速度指数。第四版中测量智力的指标则包括了5种合成分数和7种加工分数。其中最重要的5种合成分数剔除了言语智商和操作智商，分别为言语理解指数、知觉推理指数、工作记忆指数、加工速度指数、总智商。第五版也大体如此。

作为通识教育教材，以下介绍的是用原汁原味的韦克斯勒智力测验编制方法编制的韦克斯勒儿童智力量表第二版，即WISC－R。

2.3.3　韦克斯勒儿童智力量表第二版的测题与计分方法

如表2.6所示，WISC－R包括6个言语分测验，即常识、类同、算术、词汇、理解、背数（该分测验属于备用）。

表2.6　WISC－R的6个言语分测验

名称	测题	作用
常识分测验	包括30个测题，测题的范围甚广。例如，太阳从哪里升起？谁发现了美洲？这些常识	常识的丰富与否，可以反映被试的智力，因为智力愈高，则兴趣愈广，好奇心愈强，因此所获得的常

续表

名称	测题	作用
	是被试在日常生活中常碰到的	识也愈多。常识测验可以测量被试的情绪,情绪有问题的被试在常识上会有不正常的范围狭隘现象。有些人不是由于智力问题,而是由于情绪有问题,常表现为常识分数不佳,所以在临床上常识测验有诊断人格的作用
类同分测验	包括17组配成对的名词,要求儿童概括每一对名词在哪些方面相似。例如,车轮与球在哪些方面相似?船与汽车在哪些方面相似	该测验可以测量出一个人的一般因素的分量
算术分测验	包括18道测题,被试在解答测题时,不能用纸和笔打草稿,只能用心算解决算术问题	该测验测定一个人的"机智",这些测题不需要被试拥有很多知识(不超过与他教育年龄相当的教学训练)。算术测验在智力测验中常常被广泛应用,因为它与各量表的总分数均密切相关,同时对于预测一个人未来的心智能力很有帮助
词汇分测验	包括32个按难易程度排列的词,要求儿童针对听到或看到的词的一般意义加以解释。例如,什么是公主?声明是什么意思	该分测验对儿童一般智力的测定是一个很有价值的工具。它在临床上的价值在于能帮助我们区别和发现被试思想历程的性质,以及在有些状况下被试的情感和情绪等

续表

名称	测题	作用
理解分测验	包括17道按难易程度排列的测题，要求被试解释为什么某种活动是合乎需要的，在某种情景下，更好的活动方式是什么。例如，为什么寄信要贴邮票？假如你丢失了朋友的玩具，要做的是什么	如果某个年龄阶段的儿童解答该分测验的成绩超过同年龄的一般儿童，则表示其有实用常识以及有评价和利用已有经验的能力。在临床上也能发现被试的思维过程和背景以及情感和情绪状况等
背数分测验	给儿童展示一系列随机组合的不断增长的数字，要求其顺背或倒背数字，这是一种即刻回忆的测验	该测验和具有有效性的智力测验虽然关系不密切，但在测定智力有缺陷或大脑机能有损伤的人时，其效度却很高。心智有缺陷的人往往正背不能超过5个数目，而倒背则不能超过3个数目。若数字广度太低，不能倒背数目的人对于困难的智能作业很难引起注意并加以解决

如表2.7所示，WISC－R包括6个操作分测验，即图画补缺、图片排列、积木图案、物体拼配、译码、迷津（该分测验属于备用）。各分测验测题的例图如图2.3、图2.4、图2.5、图2.6、图2.7和图2.8所示。

表 2.7　WISC-R 的 6 个操作分测验

名称	测题	作用
图画补缺分测验	包括 26 张未完成的图画，要求被试说出缺少部分的名称，而不是真正把图画缺少的部分补足。例如，一颗螺丝钉缺少顶缝	该测验可测被试对于外物形态的辨认能力，或区分外物之重要和非重要部分的能力
图片排列分测验	包括 10 组图片，每组画面均有一定的情节，以打乱的顺序呈现给被试，要求被试按事情发生的先后顺序重新排序，以组成一个连贯的故事	主要测量对结果的预期和时间序列化概念，以及知觉组织、言语理解能力
积木图案分测验	包括 9 块红白两色组成的立方积木，让被试按所呈现的图案拼摆积木	测量把整体分解成为部分的能力、知觉组织和视动协调能力
物体拼配分测验	要求被试把一套切割成几块的图形板拼成一个熟悉物体的完整画面，共 4 套	主要测量把握整体与部分关系和知觉组织能力，以及灵活性和视动协调能力
译码分测验	在该测验中，1～9 每个数字对应一个符号，要求被试按所给的样例，尽快在每个数字下填上相应的符号	测量抄写速度和精确性、短时记忆、一般学习能力和抗分心的能力等
迷津分测验	该分测验有迷津图，要求被试用笔从中央向出口画出来	测试视觉搜索、预见及知觉能力

图 2.3　WISC-R 图画补缺分测验图例

图2.4 WISC－R图片排列分测验图例

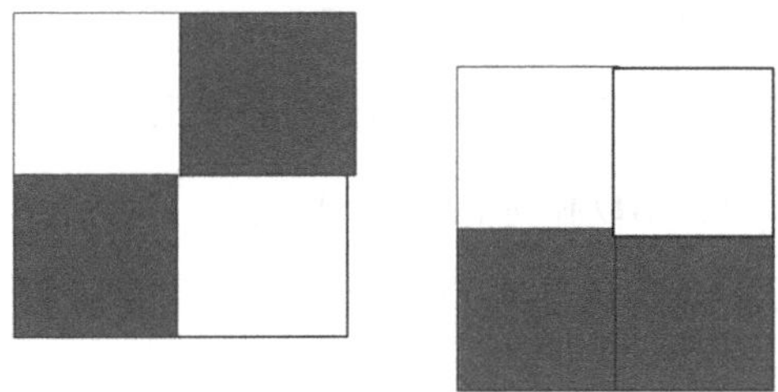

图2.5 WISC－R积木图案分测验图例

图2.6 WISC－R物体拼配分测验图例

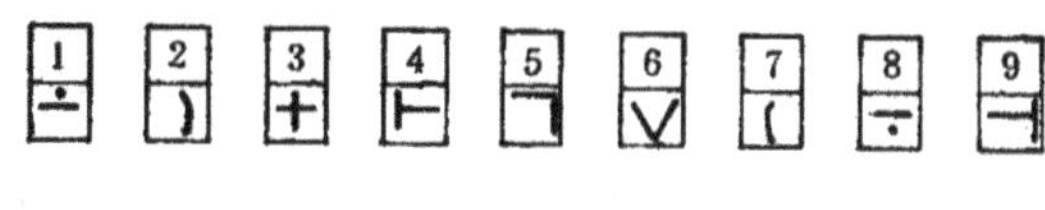

图2.7 WISC－R译码分测验图例

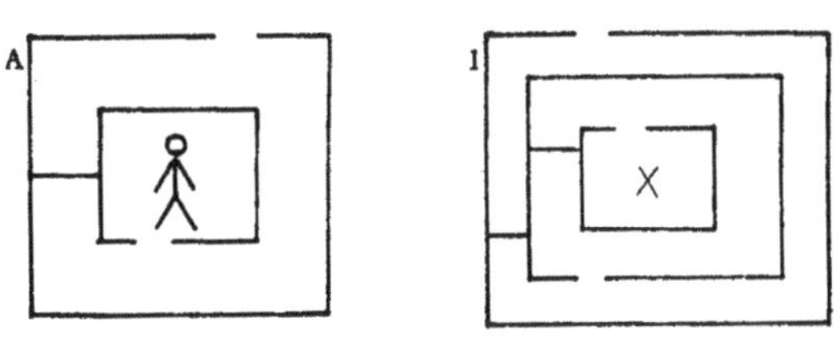

图2.8 WISC－R迷津分测验图例

在 WISC－R 中，对于有时间限制的项目，反应速度和正确性都作为评分依据，其他项目则按反应质量记分。所有分测验的原始分数都要转化为标准分数。分别将 5 个言语分测验和 5 个操作分测验的标准分数相加，便可得到全量表总分。

接下来计算离差智商，先要进行大规模测试，以获得团体平均数（M）和标准差（S）。然后以一个年龄组或团体的平均智商为 100、标准差为 15 进行换算。计算公式是：

$$\mathrm{IQ} = 100 + 15Z = 100 + 15(X - M)/S$$

其中，Z 为标准分数，X 为个人原始分数，M 为团体的平均分数，S 为标准差。

例如，某个年龄组的平均分数为 70 分，标准差为 10 分，甲生得 80 分，乙生得 60 分，其离差智商分别是：

$$\mathrm{IQ}_{甲} = 100 + 15(80—70)/10 = 115$$

$$\mathrm{IQ}_{乙} = 100 + 15(60—70)/10 = 85$$

总之，参照被试所属的年龄组常模，3 个量表分别转换为平均数为 100、标准差为 15 的离差智商分数，就得到了言语智商、操作智商和总体智商。

2.3.4 韦克斯勒儿童智力量表第二版的信度与效度

WISC－R 具有较高的信度和效度。

信度方面，表 2.8 为三组儿童使用 WISC－R 的稳定系数。

表 2.8 一项关于 WISC-R 信度的研究结果

年龄组	言语量表	操作量表	全量表
6 岁半～7 岁半	0.90	0.90	0.94
10 岁半～11 岁半	0.95	0.89	0.95
14 岁半～15 岁半	0.94	0.90	0.95

效度方面，若干项针对 WISC-R 的研究表明，原始分数随年龄增加而增加；各个分测验之间有一定的关联；WISC-R 的言语 IQ、操作 IQ 及全量表的 IQ 与斯坦福—比奈智力量表第三版 IQ 的平均相关系数分别为 0.71、0.60 及 0.73。

2.3.5 对韦克斯勒儿童智力量表第二版的评价

WISC-R 不仅能测量出总体智商，而且也能测出言语智商和操作智商，各分测验可以对儿童智力的不同侧面进行诊断，这是斯坦福—比奈智力量表第三版所不及的。然而，用在学校教学上，斯坦福—比奈智力量表第三版预测效度比 WISC-R 要高。

2.3.6 中国修订韦氏儿童智力量表

韦氏儿童智力量表中国修订版（WISC-CR）于 1979 年由林传鼎、张厚粲等人提出并于 1981 年底初步完成修订工作,其以 WISC－R 为蓝本进行修订。当时的重点在于删改一些文字内容和图像,使题目尽可能地适合中国儿童的特点,并在此基础上编制中国常模。该测验的常模团体取样来自大中城市,因而只适用于中等以上城市的儿童,其信度和效度也已在一定程度上得到某些研究结果的支持。1993 年,龚耀先等再次主持修订了此量表,称为 C－WISC。

经过我国心理测量工作者的不断努力,WISC－Ⅲ、WISC－Ⅳ和 WISC－Ⅴ目前都已有了中国修订版。

2.4 从个别智力测验到团体智力测验

2.4.1 团体智力测验的性质

团体测验与个别测验不同,能够在同一时间内由一位主试者对多名受测者进行施测,如一般的教育成就测验、各种人格量表,以及本节要重点介绍的团体智力测验等。

团体施测较之个别施测显然可以节省大量人力与时间,并且可以在短时间内收集大量信息,同时主试者无须接受严格的专业训练。不过它的缺点也与个别测验的优势相反:主试者无法充分观察和控制每一位受测者的反应,测量误差不易控制。

正因为在团体测验中测量误差不易控制,智力测验的开创者们大多认为,为了保证测验的信度和效度,心理测验只能采用个别测验的形式，而不宜采取团体测验。如著名的斯坦福—比奈智力测验和韦克斯勒儿童智力测验都是个别测验。第一次世界大战期间，各参战国纷纷采用先进的技术来改造武器，这些武器装备的使用需要大量具有不同素质的士兵。传统的个别智力测验工具不可能在短时间内鉴别大量的应征入伍者。于是，美国心理学家率先编制了面向成人的团体智力测验，即著名的军队 α、β 测验，在选拔和分派官兵的任务时测量他们的智力。共有 200 多万名官兵参加了测验，效果显著，这是世界上第一个团体心理测验。其中，军队 α 测验为文字测验，军队 β 测验为非文字测验。

军队 α、β 测验的编制与大规模施行，不仅对心理测量学，也对整个心理学意义都十分重大。先后共有 200 多万名官兵参加了测验，成为智力测验的被试。这与比奈当年只有几十个正常儿童和十几个智力落后儿童作为被试形成鲜明对比。对于主要依靠统计分析的心理学而言，样本量的指数级增加能大大提高其科学性。此外，这 200 多万名官兵几乎与所有美国家庭都有联系，这使得智力测验经常在街头巷尾被热议。这促使心理学不仅成为大学里的一门学术，也成为走进千家万户的如医学、法律和会计这样的职业，并最终使团体智力测验获得了心理测量学者的认可。目前国际上最为通行的两大个别智力测验，即斯坦福—比奈智力测验和韦克斯勒智力测验，其最新版本都允许在满足一定条件后作为团体智力测验来使用。本节要重点介绍的瑞文推理测验即为团体智力测验，其与斯坦福—比奈智力测验和韦克斯勒智力测验已渐成鼎足之势。

2.4.2 瑞文推理测验简介

军队 α、β 测验的成功运用使团体智力测验迅速发展起来，瑞文推理测验就是其中最为著名的系列测验。瑞文标准推理测验（Raven's Standard Progressive Matrices, SPM）原名为“渐进矩阵”，是非文字型的图形测验，属于一种团体智力测验，由心理学家约翰·卡莱尔·瑞文(John Carlyle Raven)于 1938 年创制。

瑞文推理测验的编制者曾在 1947 年和 1956 年对标准推理测验做过小规模的修订，1947 年还编制了适用于更小年龄儿童和智力落后者的彩色推理测验(Raven's colored Progressive Matrices, CPM)和适用于高智力水平者的高级推理测验（Raven's Advanced Progressive Matrices, APM）。

2.4.3 瑞文标准推理测验的测题与计分方法

SPM 目前在世界各国得到广泛使用，用以测验一个人的观察力及思维能力。它是一种纯粹的非文字智力测验，广泛应用于跨文化的智力及推理能力测试，属于渐进性矩阵图，整个测验一共由 60 张图组成，由 A、B、C、D、E 五个单元的渐进矩阵构图组成(见表 2.9)，每个单元都有一定的主题，在智慧活动的要求上各不相同，题目的类型略有不同。总的来说，矩阵的结构越来越复杂，从一个层次到多个层次演变，要求的思维操作也是从直接观察到间接抽象推理的渐进过程。每一单元包含 12 道题目，也按逐渐增加难度的方式排列。每道题目由一幅缺少一小部分的大图案和作为选项的 6～8 张小图片组成。测验中要求被测者根据大图案内图形间的某种关系——这正是需要被测者去思考、去发现的——看小图片中的哪一张填入（在头脑中想象）大图案中缺少的部分最合适。各单元要求的思维操作水平是不同的，测验通过评价被测者这些思维活动来研究他的智力活动能力。SPM 主要用于智力的了解和筛选。

表 2.9　SPM 的五个单元

单元	所测量的能力
A 单元	反映知觉辨别能力
B 单元	反映类同比较能力
C 单元	反映比较推理能力
D 单元	反映系列关系能力
E 单元	反映抽象推理能力

图 2.9 为 SPM 中两题题例 A 组的 11、12 题。

在 SPM 中，理论上测验没有时间限制，但一般在 40 分钟左右完成，答对的总分转化为百分等级。在个别测

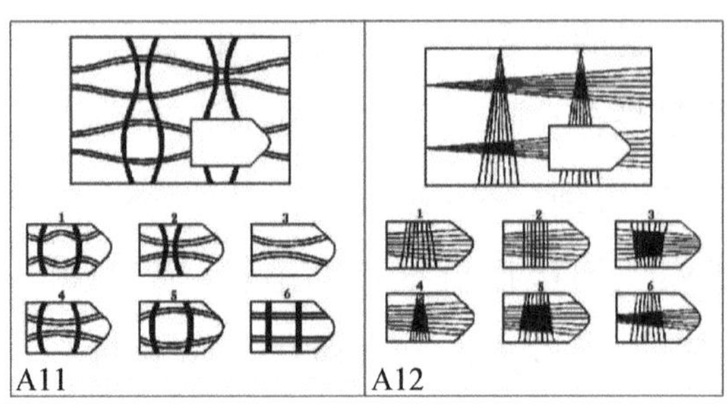

图 2.9　SPM 中 A 单元 11、12 题

验中，如果记录下测试所用时间并分析其错误的特性，还有助于了解被试者的气质、性格和情绪等方面的特点。

在瑞文标准推理测验中，被试的智力水平用百分比等级表示，如表 2.10 所示。

表 2.10　SPM 中 5 个等级的智力水平

等级	测验标准分情况	所反映智力水平
一级	测验标准分等于或超过同年龄常模组的 95%	智力水平高
二级	测验标准分为 75%～95%	智力水平良好
三级	测验标准分为 25%～75%	智力水平中等
四级	测验标准分为 5%～25%	智力水平中下
五级	测验标准分低于 5%	智力缺陷

此外，还可以考察 A、B、C、D、E 五个单元的正确题数，通过分析五个方面的得分情况，一定程度上有助于了解被测者的智力结构。

2.4.4　瑞文标准推理测验的信度与效度

根据一项在我国进行的对 SPM 的信度和效度的研究，其分半信度达到 0.95，间隔 15 天和 30 天的在测信度分别为 0.82 和 0.79；与韦克斯勒智力量表中的言语智商、操作智商、总智商的相关系数分别为 0.54、0.70、0.71；与高考语文成绩、数学成绩、总分的相关系数分别为 0.29、0.54、0.45，具有一定的信度和效度。

2.4.5　对瑞文标准推理测验的评价

由于 SPM 具有一般文字智力测验所没有的特殊功能，可以在言语交流不便的情况下使用，适合做各种跨文化的比较研究，5～75 岁的幼儿、儿童、成人、老人皆可借此量表粗分智力等级。同时，SPM 既可团体施测也可单独施测。

在对分数做解释时应注意，由于 SPM 强调推理方面的能力，即主要测量卡特尔所谓的流体智力，并非完全的智力，目前仅用于智力方面的筛选，因此不能绝对化。

第 3 章

学绩测验

3.1 学绩与学绩测验的性质

3.1.1 学绩的概念

学绩即学习成绩，如果我们从以下若干层面进行深入思考，应该能给学绩测验的编制提供启示。

前面已讲到，智力是一种统计构念，看不见、摸不着。而一种测验证明自己确实在测智力的重要效标就是其与学业成绩的相关性较高，因为总体而言，聪明的小孩往往学业成绩较好。但如果某智力测验与某学绩测验相关性过高，比如在一种假设的极端情况下，两个测验的相关系数为 1，从统计学角度看，两种测验中只有一种是必要的，另一种测验则似乎多余。

如何区分智力测验和学绩测验？一种说法是智力测验测量的是学习的能力或原因，学绩测验测量的是学习的成效或结果。这种理解看似合理，实际上在前章已被评论过。如果把智力测验理解为只测量学习的原因，那么多年良好的教育难道不会促进或至少影响智力发展？但如果智力测验既测量学习的原因又测量学习的结果，那么智力测验和学绩测验又如何区分？

发达国家自第二次世界大战结束以来，我国自改革开放以来，一直都在努力推动基于能力范式，而非传统的知识范式的教育教学改革，其根本目的是转变教育目标和教育理念。具体到教学改革而言，就是要把能力培养作为组织实施教学的目标和主线，而不是单纯地把教师对知识的传授、学生对知识的理解和掌握当成目的。教育教学目标决定测验和考试目标，两种不同的教育目标会引致两种不同类型的学绩测验，即知识范式和能力范式的学绩测验。比如，在被称为“美国高考”的两种重要学绩测验中，美国大学入学考试（American College Testing, ACT）可以归入知识范式，SAT 可以归入能力范式。ACT 主要测试考生的基础知识水平，SAT 则注重考量学生的批判性思维，认为其是可预示未来大学成功的因素。

上段我们分析了知识范式的学绩测验与能力范式的学绩测验的区别，那么能力范式的学绩测验与智力测验究竟应该如何区分？卡特尔对流体智力和晶体智力的区分或能在这个问题上对我们有所启示。

根据前述学绩测验的框架对学绩这一概念的讨论，我们认为，学绩测验测量的是经过教育或训练后，学生所具有的知识和能力的水平，通过测验了解学生已经学会了什么和能做什么。

3.1.2 学绩测验的基础：教育评价理论

学绩测验的理论基础除了第1章介绍过的各种测验理论，还有教育评价理论。首先需要澄清的是，按照现代教育评价理论，测量、测验和评价是三个既相互联系又相互区别的概念。测量主要是一个收集资料数据的过程。测验是测量一个行为样本的系统程序，是一种工具。测量和测验是对学习结果的客观描述，而评价是指系统地收集有关学生学习行为的资料，参照预定的教育目标对其进行价值判断的过程，其目的是对课程、教学方法以及学生培养方案作出决策，是对客观结果的主观判断与解释。而这种主观判断和解释必须以客观描述为基础，否则就是主观臆想。只有通过教育评价才能判断这种客观描述的实际意义，否则测量与测验所得到的结果毫无实际价值。

一般认为，迄今为止教育评价理论的发展经历了四个时期，如表3.1所示。

表3.1 教育评价理论的发展及其对教育测验的影响

教育评价理论发展分期	对教育测验的影响
19世纪中叶到20世纪30年代为教育评价的第一个时期，	第一个时期或第一代教育评价的关键词是测量。测量是

续表

教育评价理论发展分期	对教育测验的影响
即心理测验时期。教育测量的研究取得了一系列的成果，在考试的定量化、客观化与标准化方面取得了重要的进展。强调以量化的方法对学生学习状况进行测量。当时的考试与测验只要求学生记诵教材的知识内容，较为片面，无法真正反映学生的学习过程	获取教育数据的有效可靠方法，主要追求测量与测量结果的标准化、客观化，主要是测量技术与手段大量应用（真分数理论与技术的应用）
20世纪30—50年代是教育评价的第二个时期，即目标中心时期。拉尔夫·泰勒（Ralph Tyler）提出了以教育目标为核心的教育评价原理，即教育评价的泰勒原理，并明确提出了教育评价的概念，从而把教育评价与教育测量区分开来，教育评价学就是在泰勒原理的基础上诞生与发展起来的	第二个时期或第二代教育评价的关键词是描述。描述是对测量所得数据进行事实还原，再解释学生学习达成教育目标的程度，主要运用教育目标理论或概化理论，对每一次测验与考试的结果进行描述或描述性分析。这种双基测验与考试正是导致应试的技术源头
20世纪60年代是教育评价的第三个时期，即标准研制时期，以本杰明·布卢姆（Benjamin Bloom）为代表的教育家提出了对教育目标进行评价的问题，之后美国教育学家迈克尔·斯克里文（Michael Scriven）、罗伯特·斯塔克（Robert Stake）和托玛斯·开洛洛（Thomas Kellogg）等人对教育评价理论作出巨大的贡献。学者们把1967年界定为美国教育评价发展的转折点	第三个时期或第三代教育评价的关键词是判断。描述对于目标而言具有统一性，而学生是多元化的、个性化的，所以在判断学生价值方面就产生了冲突。追求学生认知的多元化，导致了必须以多元化的价值标准来判定学生发展。在此背景下，根据测量所得的事实判断学生发展情况、以能力倾向判断学生发展的项目反应理论产生。对于这类评价来说，制定价值判断标准尤为重要

续表

教育评价理论发展分期	对教育测验的影响
20 世纪 70 年代以后，教育评价发展到第四个时期，即结果认同时期。这一时期非常关注评价结果的认同问题，关注评价过程，强调评价过程中给予个体更多被认可的可能。总之，重视评价对个体发展的建构作用，因此又称为“个体化评价时期”	第四个时期或第四代教育评价的关键词是建构。主要研究教育建构过程、方法和特征，认知诊断理论和多维项目反应理论成为这个时期教育评价研究和应用的主流。认知诊断理论以“知识结构＋认知结构＋思维模型”为基础，对认知的形成过程做出诊断和判断，即对教育的过去进行诊断和判断。多维项目反应理论则是对多重显性能力进行测量并对学生的未来发展做出诊断与预测，即对教育未来进行诊断和判断

3.2 综合测验：以学术能力倾向测验为例

3.2.1 综合测验的性质

学绩测验可从内容、用途、编制方法和原理等四个方面进行分类，具体可分为单科测验与综合测验、评估性测验和诊断性测验、标准化测验和教师自编测验、常模参照测验和标准参照测验。其中综合测验和单科测验的区别在本节及下节介绍，标准化测验和教师自编测验的区别将在本章第 4 节介绍，常模参照测验与标准参照测验的区别则已在第 1 章第 2 节介绍过。诊断性测验是为诊断学生在学习上的困难而编制的一种测验，与测量一般学习成就水平的评估性测验有以下几点不同：包含分布测题难易阶梯上的大量试题，有时把同一原理的测题组合在一起，构为一个分测验；试题的编制侧重最基本的技能与最常见的错误；试题难度较低。

综合测验，或称综合成就测验，常以组合测验的形式出现，比如某一个年级的综合测验通常就包括几个学科分测验，可用以评价学生的总体水平。历史上第一个综合成就测验，斯坦福成就测验于1923年发布，目前已经过近十次修订。其编制的目的是测量“公认为中小学课程所应达到的结果”，适用于从幼儿园开始的13个年级，大致与学校的年级划分对应。斯坦福成就测验通过各个分测验考查了11个方面的内容：词汇、阅读理解、拼字、听力理解、词汇学习技能、语言、数学概念、数学计算、数学应用、社会科学常识和自然科学常识，测验后的分数具有可比性，能作纵向、横向的比较。斯坦福成就测验目前已成为美国中小学考试体系的重要组成部分。

本课程为高校通识类课程，这里选取与大学生生活经验比较契合的被视为两种“美国高考”之一的学术能力倾向测验作为综合成就测验的范例进行介绍。

3.2.2　学术能力倾向测验简介

SAT在1926年首次出现，是由美国大学理事会主办，由美国教育考试服务中心授权负责命题和阅卷工作的一项标准化的高中毕业生学术能力水平考试。其成绩是世界各国高中毕业生申请美国高等教育院校入学资格及奖学金的重要学术能力参考指标。

根据SAT的主办者美国大学理事会的观点，SAT主要是考查学生们在大学阶段所必需的阅读和写作能力。美国大学理事会称，SAT会测验学生们将在学校学到的知识付诸实践运用分析、解决问题的能力，而这些知识在大学至关重要。

3.2.3 学术能力倾向测验的测题与计分方法

SAT自创立以来一直是采用笔试的形式，其测验理论的基础则为传统测验理论的真分数理论。但近年来，SAT已转变为机考形式的自适应测验，其测验理论基础转变为现代测验理论的项目反应理论。

计算机自适应测验（Computerized Adaptive Testing，CAT）是近年来发展起来的一种新的测验形式，是在项目反应理论基础上发展起来的一种测验，是一种在项目水平上进行分析的测验。这种测验的编制者认为，要测量一个人的能力，最理想的项目就是难度适中的项目，即他答对或答错的概率都在0.5左右。在测验开始时，计算机一般给出一道难度中等的题目，如果被试做对，计算机就会估计他的能力高于中等水平，然后再给他一道难度高一点的题目；如果他做错，计算机就会估计他的能力低于中等水平，然后再给他一道难度低一点的题目。随后，计算机根据被试第二题的回答情况，对其能力再作估计，在第二次估计的基础上，计算机在题库中选择最接近其能力估计值的题目，接着根据被试的反应，对其能力再进行估计。这样，随着被试做的题目增多，计算机对其能力的估计精度越来越高，最后估计值将收敛于一点，该点就是该被试的能力较精确的估计值。

不同于传统的纸笔测验，计算机自适应测验的测验试题的呈现和被试对试题的解答都是通过计算机完成的。也不同于一般的计算机化测验，计算机在测验过程中不仅呈现题目、输入答案、自动评分、得出结果，而且根据被试对试题的不同回答自动选择最适宜的试题让被试回答，最终对被试的能力作出最恰当的估计。总之，计算机自适应测验是因人而异的测验。

SAT 考试总分为 1600 分，分为各占 800 分的两大部分，即证据支持的阅读和写作以及数学(见表 3.2)。阅读考试的内容包含文学、历史/社会学和科学相关的文章，写作考试则要求学生阅读一篇论证性的文章，并分析作者如何构建论证。数学测试包含代数、高等数学、问题解决和数据分析、几何四个部分，可以使用计算器。整个机考时长为 2 小时 15 分。

表 3.2　SAT 机考整体框架和题型

整体框架	读写部分	数学部分
考试形式	两阶段自适应测试设计:整个阅读和写作部分分为两个独立的定时模块进行	两阶段自适应测试设计:整个数学部分分为两个独立的定时模块进行
考试题量	第 1 模块:25 道计分试题和 2 道不计分试题 第 2 模块:25 道计分试题和 2 道不计分试题	第 1 模块:20 道计分试题和 2 道不计分试题 第 2 模块:20 道计分试题和 2 道不计分试题
每阶段时长	第 1 模块:32 分钟 第 2 模块:32 分钟	第 1 模块:35 分钟 第 2 模块:35 分钟
总时长	64 分钟	70 分钟
考题总数	54 道考题	44 道考题
成绩报告	总分 读写部分、数学部分的单独分数	
考题类型	单独问题 四选一多项选择题	单独问题 75% 四选一多项选择题 25%主题问答题
题目范围	文学、历史/社会研究、人文、科学	科学、社会科学、现实世界的问题
信息图表	有,包括表格、条形图、折线图	有

SAT 机考样题如图 3.1 所示。

5

Store A sells raspberries for $5.50 per pint and blackberries for $3.00 per pint. Store B sells raspberries for $6.50 per pint and blackberries for $8.00 per pint. A certain purchase of raspberries and blackberries would cost $37.00 at Store A or $66.00 at Store B. How many pints of blackberries are in this purchase?

(A) 4

(B) 5

(C) 8

(D) 12

图 3.1　SAT 机考样题

3.2.4　学术能力倾向测验的信度与效度

对于 SAT 这样一年举行多次的考试，信度非常重要，每一道题目都精心设计，力求每次考试能保持总体的一致性。考生可能会在某次考试中感觉阅读比较难、语法比较简单。出现这种感觉，通常是本次考题在难度之间有了不均衡的平衡。换言之，感觉阅读特别难，作为平衡，其他某一项应该会低于常规标准，而总体难度是一致的。美国教育考试服务中心在 SAT 中采用多一个部分的实验题目，这个不计入成绩的部分给测算题目难度提供了大量的事实依据。当然，客观选择题的评分一向比问答和作文之类的主观题更稳定。在作文评分中，评分员容易出现趋中评分的现象。为了避免此类现象，美国教育考试服务中心在题目设计、评分员选择和统计模型对评分员进行评估等方面做了很多努力，力求保证成绩的稳定性和可靠性。

至于效度，SAT 分数可以有效地预测学生在大学阶段的学术表现。大量的研究表明，SAT 分数与大学平均学分绩点（Grade Point Average，GPA）之间存在显著的正相关关系。这意味着，通过 SAT 成绩，招生官员可以大致预测学生在大学期间的学习能力和成果。同时，对于不同背景的学生来说，SAT 提供了一个相对公平的评价标准。无论学生的种族、性别、家庭经济状况如何，SAT 成绩确实是基于个人的知识和技能。这使得招生官员可以在排除其他因素的情况下，相对客观地评估学生的学术能力。

3.2.5 对学术能力倾向测验的评价

SAT 考试作为一种重要的教育评估工具，具有广泛的应用价值和影响力。它为学生提供了一个了解和展示自己学术能力的机会，同时也为招生官员提供了一个评估学生未来潜力的工具。然而，如同任何一种测验和考试，SAT 也有其局限性。如其用于测量知识和技能十分有效，测量结果也与被测者的智力显著相关。但 SAT 无法告诉我们被测者的人格状况，比如面对挑战和失败时如何管理自己的情绪，用什么方式与人交往，等等。这些个性差别在决定一个人能不能成功方面，常常比知识、技能乃至智力更为重要。对于此，我们可以寻求其他评估方法来弥补其不足之处。总之，在未来的教育实践中，我们应该更加注重学生的全面发展，而不仅仅是他们在 SAT 或其他标准化测验中的考试成绩。

3.3　单科测验：以全国大学英语四、六级考试为例

3.3.1　单科测验的性质

单科测验，又称分科成就测验，成就测验的另一种类型，用来测量学生在学校某一学科上的学习结果。

显然，学校有多少门课程，就可以有多少种单科测验。由于编制此种标准化学绩测验需要耗费较多的人力物力，因此只有主要课程才有必要编制标准化测验。小学阶段最主要的课程是语文和算术。以下着重介绍小学语文和算术这两门学科的标准化测验。

1）语文学科测验

语文测验其实是一类综合的学绩测验，可以细分为阅读测验、字词测验、语句测验、语法测验、作文测验、书法测验。前三种测验考查学生的阅读能力，后三种测验考查学生的表达能力。表 3.3 重点介绍了阅读测验、语句测验和语法测验。

表 3.3　三种语文测验简介

测验分类		测验目的
阅读测验	阅读成就测验	测量学生阅读的理解程度和速度
	阅读诊断测验	测量出不是由于智力因素而是由于其他因素所造成的阅读困难

续表

测验分类	测验目的
语句测验	测量小学生的语句组织能力
语法测验	发现学生在文字和语言组织上的错误

2）算术学科测验

算术学科测验可分为算术成就测验和算术诊断测验，如表 3.4 所示。

表 3.4　算术测验的分类

<table>
<tr><th colspan="2">测验类别</th><th>测验目的与内容</th></tr>
<tr><td rowspan="2">算术成就测验</td><td>四则运算测验</td><td>测量学生的加减乘除四种基本计算能力。主要包括速度和正确率两个方面，就是要计算得既快又正确。测验材料的取样应包括各种计算方法</td></tr>
<tr><td>应用题测验</td><td>测量学生能否应用算术知识解决实际问题。在编制算术应用题测验时，应注意下列两点：测题内容要切合实际生活的情境；测题的文字要简易通俗，争取一般的学生都能理解</td></tr>
<tr><td colspan="2">算术诊断测验</td><td>以四则运算的内容为例说明诊断测验的编制。该种测验的材料应包括四则运算中各种基本能力和难点，因为在四则运算的过程中有各种难易不同的步骤，称为算术上难易的阶梯；诊断测验要把这些难易的阶梯全部包括在内，并按难易的阶梯排列测题</td></tr>
</table>

3.3.2　全国大学英语四、六级考试简介

CET 是由教育部主办，教育部教育考试院（教育部原考试中心）主持和实施的大规模标准化考试，是全国性的教学考试，其目的是促进我国大学英语教学工作，对大学生的英语能力进行客观、准确的测量，为提高我国大学英语课程的教学质量提供服务。CET 始于 1987 年，已走过了 30 多年的历程，对我国大学英语教学的发展和改革产生了积极的影响。

CET 包括全国大学英语四级考试（National College English Test Band 4，CET - 4）和全国大学英语六级考试（National College English Test Band 6，CET - 6），分为笔试和口试，报考口试的考生必须先报考当次相应级别的笔试。同时，CET 还设有非英语考试科目，包括日语四/六级、俄语四/六级、德语四/六级和法语四级，以上考试科目每年 6 月开考一次，均为笔试考核，无口试考核。

3.3.3　全国大学英语四、六级考试的测题与计分方法

表 3.5 简要介绍了 CET - 4 笔试的试卷结构、测试内容和题型、测题数量、分数比值和考试时间。

表 3.5 CET-4 考核内容

试卷结构	测试内容	测试题型	题目数量	分数比值	考试时间
写作	写作	短文写作	1	15%	30 分钟
听力理解	短篇新闻	选择题（单选题）	7	7%	25 分钟
	长对话	选择题（单选题）	8	8%	
	听力篇章	选择题（单选题）	10	20%	
阅读理解	词语理解	选词填空	10	5%	40 分钟
	长篇阅读	匹配	10	10%	
	仔细阅读	选择题（单选题）	10	20%	
翻译	汉译英	段落翻译	1	15%	30 分钟
总计			57	100%	125 分钟

CET-6 笔试的试卷结构与 CET-4 相同，也是写作、听力理解、阅读理解和翻译四部分。与 CET-4 不同的是听力理解部分的测试内容，CET-6 中按先后顺序包括：占分数比值 8%的长对话 8 题，占分数比值 7%的听力篇章 7 题，占分数比值 20%的讲话/报道/讲座 10 题。同时，CET-6 听力理解的考试时间为 30 分钟，总考试时间为 130 分钟。

CET 笔试总分为 710 分，计算公式为：

$$TotSco = (X - Mean)/SD \times 70 + 500$$

式中，TotSco 表示总分（成绩单上的分数）；X 表示每位考生常模转换前的原始总分(该项卷面分);Mean 表示常模均值(样本均值),根据不同标准的抽样数据计算。

CET-4 的 Mean=全国 16 所高校约 3 万名非英语专业学生的考分均值。

CET-6 的 Mean=全国 5 所重点高校约 5000 名非英语专业学生的考分均值。

SD 表示常模标准差(样本标准差)。

每次 CET 等值后的卷面分数都将参照此常模公式转换为报道分数。

CET 单项成绩由四个部分构成,这四个部分以及所占的分值比例为:听力占 35%,阅读占 35%,翻译和写作占 30%。各单项报道分的满分为:听力 249 分,阅读 249 分,翻译和写作 212 分。各单项报道分之和等于报道总分。

3.3.4 全国大学英语四、六级考试的信度与效度

CET 的主要对象是根据教育大纲修完大学英语课程的在校大学本科生或研究生。大量统计数据和实验材料证明 CET 的信度和效度较高,符合大规模标准化考试的质量要求,能够按教学大纲的要求反映我国大学生的英语水平。

如全国大学英语四、六级考试委员会与英国文化委员会的一项合作研究结果表明:CET-4 和 CET-6 都是信度极高的考试,每次考试客观题的内部信度都达

0.9 以上;效度相当高,回收问卷中有 92%的教师认为 CET 能反映学生的实际英语水平。

3.3.5 对全国大学英语四、六级考试的评价

CET 是教育部主管的一项全国性的英语考试,其目的是对大学生的实际英语能力进行客观、准确的测量,为大学英语教学提供测评服务。CET 是一种带有水平考试特征的超大规模标准化外语考试,原本针对大学英语教学而设计,用于评估在校大学生的英语学习成就,测量其英语水平,反馈学习状况。长期以来,这个考试运用教育测验理论和方法,平衡听说读写译和英语知识的比重,致力于全面、综合反映大学生的英语水平。因此,仅就考试本身的目的达成而言,CET 确实是一种比较客观和公正的英语水平评价体系,也是一种比较普遍和通用的英语能力证明。

然而,CET 或任何其他考试并不能涵盖所有的英语知识和技能,也不能反映所有的英语需求和特点。因为考试的专业化程度较高,影响面广,又是针对大学生,考试成绩逐渐被社会用人单位接受,甚至被国外或境外的大学用作录取新生的英语水平依据,因而累积起了社会权重,与大学生的个人前途,甚至大学的就业率关联起来,一定程度上充当了大学英语教学的指挥棒。由此而产生的对 CET 的一些批评和责难似乎也不应该完全归咎于考试本身。

3.4　从标准化学绩测验到教师自编测验

3.4.1　教师自编测验的性质

教师自编测验是由教师根据具体的教学目标、教材内容和测验目的自己编制的测验，是为特定的教学服务的。由于学校科目繁多，教学检查需要经常进行。而教师自编测验操作过程容易，应用范围一般限于本班、本年级，施测方便，是学校中最多和教师最常用的测验。教师自编测验通常用于测量学生的学习状况，而标准化成就测验则用来判断学生与常模相比时所处的水平。

3.4.2　教师自编测验与标准化成就测验的区别

教师自编测验，顾名思义是由教师根据具体的教学目标、教材内容和测验目的，自己编制的测验，是为特定的教学服务的。教师自编测验通常用于测量学生的学习状况，而标准化成就测验则用来判断学生与常模相比时所处的水平。可见，教师自编测验与标准化成就测验相比较，最关键的区别在于其标准化程度远远低于标准化测验。

3.4.3　教师自编测验编制前的计划

为了搜集到恰当的资料，做出正确的决策，教师应该尽量使自己使用的测验具有较好的信度和效度。这就意味着教师在设计测验前有必要完成一些准备工作，主要包括以下五个步骤。

（1）确定测验的目的。测验是用于形成性目标还是总结性目标，抑或是为了诊断学习困难的儿童，以便提供特殊教育。不同的测验目标，决定了测验的长度和题目的取样，也会影响测验题型的构成。因此，这个问题是教师在编制测验前必须解决的。

（2）确定测验要考查的学习结果。教师必须依据特定的教学目标，如布卢姆以及其他心理学家划分的教学目标等级来准备测验。如果在教学前已经具有了明确的目的，那么考试的重点与这个目标应该基本一致。例如，教育心理学教师在教课时主要讲解了各种教师自编测验，在随后的考试中，大部分的试题应该与这方面的内容有关。如果教师在教学前没有明确的目标，在编写试题前，应查阅自己的备课本以及教科书，并考虑需要考查学生的哪些学习结果。

（3）列出测验要包括的课程内容。该步骤与下一步骤在具体操作时均需落实在细目表上，关于如何制定细目表将在下一步详加论述。

（4）制定考试计划或细目表。细目表是将考试具体化的最重要的工具，使得测验能够与教学的目标和内容保持一致。细目表的形式是两维表，一般纵栏表示学习结果，横栏表示课程的内容或范围，中间的栏目则是教师根据自己的情况填上在测验中计划测量多大比例的学习结果和课程内容。表 3.6 列示了制定细目表的具体步骤。

表 3.6　制定细目表的具体步骤

步骤	内　　容
第 1 步	确定每个具体的教学目标属于哪一类型
第 2 步	确定测量每个教学目标大约需要多少题目，在教学目标一栏记下数字
第 3 步	重复第 1、第 2 步骤，直至每个教学目标都得到分类和题目数
第 4 步	将每个教学目标的数字相加，写在总计处
第 5 步	重复第 1 至第 4 步骤，直至每一项内容都具体化
第 6 步	将每项教学内容的数字相加，写在总计处
第 7 步	计算出每个小单元内的百分数

（5）针对计划测量的学习结果，选择适合的题型。由于每种题型各有利弊，所以教师在选择时应该仔细权衡。

3.4.4　教师自编测验的题目类型

1）主观题和客观题

教师自编测验的题目一般分为客观题和主观题两种类型。客观题具有良好的结构，对学生的反应限制较多。学生的回答只有对错之分，因此教师评分也就只可能是得分或失分。这类题目包括选择题、完形填空、匹配和是非题等。主观题则要求学生自己组织材料，并采用合适的方式表达陈述出来。这类题型包括论文题。教师在评分时需要对学生的回答给出不同的分值，而不仅仅是满分或零分。教师使用哪一种类型的题目由测验的目的、内容和时间决定。由于它们既有优点也有不足，所以很多教师更倾向两种类型一起使用。

2）选择性反应题与构造性反应题

有人也把教师自编测验的题目类型分为选择性反应题与构造性反应题。选择性反应题是指，题目呈现给学生一系列项目，要求学生从中选择出正确答案，包括选择题、匹配和是非题等。而构造性反应题则指，学生必须自己构造出答案，包括填空和论文题等。二者考查了不同的认知能力，选择性反应题侧重对正确答案的再认能力，而构造性反应题注重学生回忆、重组知识的能力。

3.4.5 教师自编测验的编制原则

1）测验应与教学目标密切相关

教师自编测验最重要的原则是不能脱离教学目标和内容。测验应该考查学生对教学或课程中最重要的概念和技能的掌握状况。如果学生们在接受课堂测验时，发现许多内容都很陌生，没有学过，或者都是不重要的部分，那么这份测验的编制应该说是失败的。

2）测验必须是教学内容的良好取样

测验不可能完全评定学生所学到的所有知识或技

能。通常题目是从总体学习结果中取样得到的,代表了教学的目标和内容。例如,教师在讲授应用题时,如果大部分的时间都在讲述两步应用题,那么这部分知识在试卷中所占的分值就应该多于其他部分。这也启发和引导了学生,虽然他们不能确定考试题是什么,但是只要把所学内容全部复习,就可以通过考试。如果测验不能很好地代表教学内容,不仅会造成评定和教学的脱节,还会增加学生准备考试的难度。

3）根据测验目的,确定测验的结构

首先,教师应明确测验的信息用于做什么评价。形成性评价要求测验的内容与最近的教学内容相关,而总结性评价的测验涉及的知识和技能的范围超过前者。如果要判断班里阅读困难学生的问题是什么,诊断性测验是最好的选择;而要评定学生的一般能力和知识水平,就应该考虑用预测性测验。在确定了测验的性质后,还需根据要测量的学习结果选择最适宜的题目类型。选择题对于考查学生的再认能力比较有效,如果教师的目的是希望评价学生解决数学问题的能力,那么选择题显然不太适合。下文将具体介绍各种题型的特点及优缺点,以便教师在编制题目时可以根据所测的学习结果选择适用的题型。

4）注意测验的信度,在解释结果时应慎重

信度是测验良好程度的一项指标。教师可以通过增加题目量、减少区分度小的题目、合理界定题目使之与教学目标联系紧密等方法提高测验的信度。不过即使测验的信度较高,也有很多因素会影响学生的得分,例如,考试技巧、考试焦虑、学生猜测的运气、天气的好坏等。所以,教师在解释结果时,要知道测验分数只是大致反映了学生的学习水平,不可能是绝对准确的表示值。教师一般不要下绝对的定论,更多的时候需要思考为什么会是这样的结果。

5)测验应该能促进学生的学习

测验是教学的一个环节,不少专家强调把测验功能与学习功能结合起来,教师可以利用测验调整教学并指导学生的学习。教师在测验后应尽快把评价信息反馈给学生,纠正学生的错误,告诉他们正确答案和合理的思考方式。教师要参考测验获得的信息,确定学生理解了哪些内容,还有哪些内容需要解释,从而制定下一步的教学计划和进度。此外,如果没有特殊的原因,应事先向学生说明测验的范围和时间,以便督促学生复习。学生系统地回顾和整理已学知识,这也是一种学习。

第4章

人格测验

4.1 人格与人格测验的性质

4.1.1 人格的概念

几乎所有的社会科学和人文学科都研究人格问题，以人格测量为中心，可以把所有这些人格研究划分为四个层次。

1）多学科视野中的人格

比如在法学中，人格指作为权利义务主体的资格。除了自然人有人格，公司、学校甚至政府机关也可能有人格，即所谓法人，如它们可以像自然人一样进行诉讼。再比如，伦理学中也讲人格，指道德主体品格的总和，是个人在社会生活中的地位和作用的统一。

2）心理学视野中的人格

心理学上所讲的人格是指个体与环境相互作用过程中所形成的一种独特的身心组织，而此相对稳定的组织使个体在适应环境时，在动因（需要、动机、兴趣、爱好、情感、态度、气质）和智能（智力、特殊能力）上有不同于其他个体之处。

3）心理测量学视野中的人格

心理学上所讲的人格既包括动因，也包括智能。由于对智能的测量，尤其是智力测验，已率先发展起来，并已成为心理测验的最重要组成部分，因此，后发的人格测验只测量心理学所讲人格的动因部分。

4）精神医学视野中的人格

标准化人格测验依靠的是被试的自陈。根据弗洛伊德的人格结构理论，人的心理活动分成意识、前意识和潜意识三个层次，各种精神病症状产生的原因主要在潜意识层面。

本教材中所讲的人格在本章的第1、2、3节中主要是上述第三层含义，而本章第4节里主要是上述第四层含义。

4.1.2 人格测验的基础：人格特质理论

与智力测验一样，人格测验也既有测验学理论基础，即第1章中所讲的各种测验理论，也有心理学理论基础。一般认为，人格测验最重要的心理学理论基础是人格特质理论。

人格特质指的是在不同的时间与不同的情境中保持相对一致的行为方式的一种倾向，即在组成人格的因素中，能引发人的行为和主动引导人的行为，并使个人面对不同种类的刺激都能做出相同反应的心理结构。

对于人格特质的研究，早在 1921 年心理学家卡尔·古斯塔夫·荣格（Carl Gustav Jung）就采取科学方式把人分为直觉型、思考型、情绪型和感觉型四种。而现代的人格特质理论主要有以下三种。

1）奥尔波特的人格特质论

高尔顿·威拉德·奥尔波特（Gordon Willard Allport）的人格特质论，是以个案研究法，即从很多人的书信、日记、自传中分析出各种具有代表性的人格特质。他认为特质是人格的基础，但反对弗洛伊德虚幻式的人格结构看法，主张人格特质是每个人以其生理为基础的一些持久不变的性格特征。他将人的特质分为共性特质和个人特质两类，共性特质是指在某一社会文化形态下大多数人或群体所具有的共同特质，而个人特质则是指个体所独具的特质。个人特质又分为如表 4.1 所示的三大类。

表 4.1　奥尔波特关于个人特质的分类

个人特质类型	概念涵义	举例
首要特质	一个人最典型、最具概括性的特质	小说或戏剧的中心人物往往被作者以夸张的笔法特别突显其首要特质，如林黛玉的多愁善感
中心特质	构成个体独特性的几个重要特质，每个人有 5～10 个中心特质	如林黛玉的清高、聪明、孤僻、抑郁、敏感等都属于中心特质

续表

个人特质类型	概念涵义	举例
次要特质	个体不太重要的特质,往往只有在特殊情境下才表现出来	如有些人虽然喜欢高谈阔论,但在陌生人面前则沉默寡言

2）卡特尔的人格特质论

卡特尔的人格特质理论对人格测验的主要贡献在于提出了表面特质和根源特质这两个概念。表面特质是指从外部行为能直接观察到的特质。从表面上看,它们好像是一些相似的特征或行为,实际上却出于不同的原因。例如,同样是干家务活等表面相似的行为,却可能有着不同的原因,如"为了让妈妈得到更多的休息"或者"为了得到零花钱"。根源特质是指那些相互联系且以相同原因为基础的行为特质。如焦虑是害怕考试和体育比赛时双腿发抖的同一原因,在这里,焦虑就是一种根源特质。表面特质和根源特质既可能是个别的特质,也可能是共同的特质,它们是人格层次中最重要的一层。

1949 年,卡特尔用因素分析法提出了 16 种相互独立的根源特质,并编制了卡特尔 16 种人格因素问卷(Sixteen Personality Factor Questionnaire, 16PF)。这 16 种人格特质是乐群性、聪慧性、稳定性、恃强性、兴奋性、有恒性、敢为性、敏感性、怀疑性、幻想性、世故性、忧虑性、激进性、独立性、自律性和紧张性。卡特尔认为在每个人身上都具备这16种特质，只是在不同人身上的表现有程度上的差异。

3）现代五因素特质理论

20世纪80年代以来，人格研究者们在人格描述模式上达成了比较一致的共识，提出了人格五因素模式，被称为大五人格模型（见表4.2）。

表4.2 大五人格模型的五种人格特质

人格因素	表现
开放性	想象、审美、情感丰富、求异、创造、智能
责任心	胜任、公正、条理、尽职、成就、自律、谨慎、克制
外倾性	热情、社交、果断、活跃、冒险、乐观
宜人性	信任、直率、利他、依从、谦虚、移情
情绪稳定性或神经质	焦虑、敌对、压抑、自我意识、冲动、脆弱

4.2 经验效标法：以明尼苏达多项人格调查表为例

4.2.1 经验效标法的性质

标准化人格测验属于自陈量表。自陈量表是一种自我评定问卷，即针对拟测量的人格特质编制许多测题（问句），让被试回答，通过其答案来衡量这项特质。自陈量表的特点包括：题量比较大，多数用于测量人格的若干特质；通常采用纸笔测验的形式，可以团体施测；一般用是非式或选择式，计分规则比较客观，施测手续比较简便，分数容易解释，应用广泛。

如表 4.3 所示，按照编制的方法自陈量表可以分为四类。

表 4.3　自陈量表的分类

方法	基本程序	代表测验
经验效标法	先分组，即选取具有某一特征的效标组和对照组，然后把一系列的测试题给各组施测，选出能把两组分开的题目构成测验	明尼苏达多项人格调查表(Minnesota Multiphasic Personality Inventory, MMPI)、加利福尼亚人格量表(California Psychology Inventory, CPI)
因素分析法	首先对标准化大样本施测大量题目，然后针对被试在各题上的得分进行因素分析或其他相关分析，把相关题目构成一个因素并命名，便可以得到若干个同质量表来测量对应于这若干个因素的若干个人格特质	卡特尔 16 种人格因素问卷和艾森克人格问卷(Eysenck Personality Questionnaire, EPQ)
逻辑分析法(合理建构法)	首先由专家依据某种人格理论确定要测量的特质，用逻辑分析的方法编写和选择一些能测出这些特质的题目，最后组卷编排成问卷	爱德华个人偏好量表(Edwards Personal Preference Schedule, EPPS)、詹金斯活动调查表(Jenkins Aetirity Servey, JAS)和显性焦虑量表(Manifest Anxiety Scale, MAS)

续表

方法	基本程序	代表测验
综合法	将上述三种编制方法综合起来使用。首先,采用逻辑分析法经推理获得一大批题目,同时用经验法确定效标组特征也获得一大批题目;其次,采用因素分析法编制若干同质量表;最后,将同质量表中没有效标效度的题目删除。同时,将表面效度太高的题目删除,最好保留效标效度高,但表面效度不高的题目	杰克逊人格问卷(Jackson Personality Inventory, JPI)

在以上四种人格自陈量表编制方法中,经验效标法率先发展起来,世界上第一个人格量表武德沃斯个人资料记录即是用经验效标法编制的。最初编制该量表的目的是测量第一次世界大战时美国士兵的情绪稳定性或是否有精神崩溃的迹象。相关问卷是这样设计出来的:参考有关心理咨询的文献,与精神科医生交谈,从而搜集患精神病和患精神病前的一些共同特征,并根据这些症状设计出各种问句,然后运用两种统计方法选定适合的问句。第一种方法是,如在预试时正常人有25%以上对某一问句表现不利,则删除它。第二种方法是,在预试时精神病患者组对某一问句表现不利的次数超过正常组的两倍,则该问句予以保留。

以下重点介绍的明尼苏达多项人格调查表是目前

国际上最著名的人格测验之一，其就是运用经验效标法编制的。

4.2.2 明尼苏达多项人格调查表简介

MMPI由明尼苏达大学教授斯塔克·罗森克兰斯·哈瑟韦（Starke Rosencrans Hathaway）和约翰·查尔利·麦金力（John Charnley Mckinley）于20世纪40年代编制，是应用极广、颇具权威的一种人格测验，适用年龄为16岁以上。形式包括卡片式、手册式、录音带形式及各种简略式（题目少于399道）、计算机施测方式。既可个别施测，也可团体施测。题量为566道，其中有16道重复，实际题量为550道。编制方法是经验效标法。具体而言，就是分别对正常人和精神病人进行预测，以确定在哪些条目上不同人有显著不同的反应模式，因此该测验最常用于鉴别精神疾病。

4.2.3 明尼苏达多项人格调查表的测题与计分方法

MMPI由10个临床量表和4个效度量表组成，如表4.4和表4.5所示。

表4.4 MMPI的10个临床量表

量表名称	表现
疑病（Hypochondriasis，Hs）	对身体功能的不正常关心
抑郁（Depression，D）	与忧郁、淡漠、悲观、思想与行动缓慢有关

续表

量表名称	表现
癔病(Hysteria，Hy)	依赖、天真、外露、幼稚及自我陶醉,并缺乏自知力
精神病态(Psychopathic deviate，Pd)	病态人格(反社会、攻击型人格)
男性化—女性化(Masculinity-femininity，Mf)	高分的男人表现敏感、爱美、被动、女性化;高分的女人表现男性化、粗鲁、好攻击、自信、缺乏情感、不敏感。极端高分考虑同性恋倾向和同性恋行为
妄想狂(Paranoia，Pa)	偏执、不可动摇的妄想、猜疑
精神衰弱(Psychasthenia，Pt)	紧张、焦虑、强迫思维
精神分裂(Schizophrenia，Sc)	思维混乱、情感淡漠、行为怪异
轻躁狂(Hypomania，Ma)	联想过多过快、观念飘忽、夸大而情绪激昂、情感多变
社会内向(Social introversion，Si)	高分者内向、胆小、退缩、不善交际、屈服、紧张、固执及自罪;低分者外向、爱交际、富于表现、好攻击、冲动、任性、做作、在社会关系中不真诚

表 4.5　MMPI 的 4 个效度量表

量表名称	意义
疑问量表(Question，Q)	没有回答的题数和对“是”“否”都做反应的题数。如果在前面 399 题中原始分超过 22 分,566 题原始分超过 30 分,则说明被测试者对问卷的回答不可信。高得分者表示逃避现实

续表

量表名称	意义
说谎量表(Lie, L)	是追求尽善尽美的回答。L 量表原始分超过 10 分,结果不可信
诈病量表(Validity, F)	高分表示受测者不认真、理解错误,表现一组无关的症状,或在伪装疾病。F 量表是精神病程度的良好指标,其得分越高暗示着精神病程度越重
校正量表(Correction, K)	一是判断被试对测验的态度是否隐瞒或防卫;二是修正临床量表的得分

MMPI 的计分方法可概括为三阶段五步骤。

三阶段为:原始分→T 分数→剖面图。

五步骤则为:

(1) 计算 Q 量表的原始分,超过 22 分或 30 分无效。

(2) 分别计算各量表的原始分。

(3) 对其中五个量表加 K 分校正(Hs+0.5K、Pd+0.4K、Pt+1.0K、Sc+1.0K、Ma+0.2K)。

(4) 查表把原始分转化为 T 分,或计算 T 分。

$$T = 50 + 10(X - M) \div SD$$

(5) 画出剖析图,如图 4.1 所示。

关于测验结果的解释:MMPI 按照美国常模 T 分 70 分以上、中国常模 T 分 60 分以上便视为可能有病理

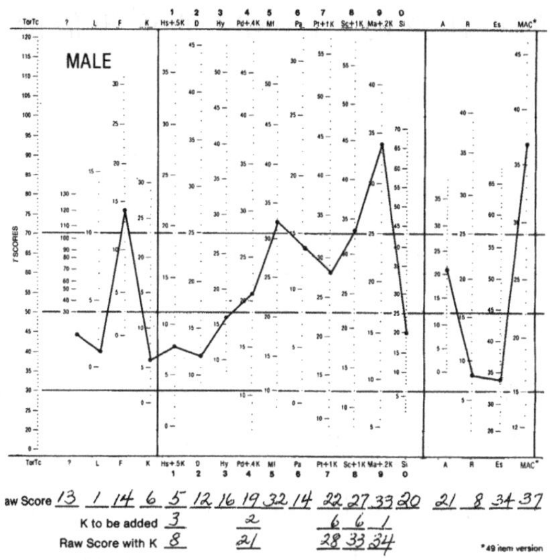

图 4.1　MMPI 剖析图示例

性异常表现或某种心理偏离现象。

MMPI 实施的注意事项包括：

(1) 争取被试的合作。让被试知道这个测验的重要性以及对他的好处，并详细记录测验时被试的表现。

(2) 向被试说明个性各不相同，无所谓好坏。

(3) 以实际情况为准。

(4) 如果被试焦虑或情绪不稳定，可分几次完成，也可用录音或请人读题。

(5) 临床量表最好用英文缩写字母或者数字符号，而不要直接使用中文全译名称。

4.2.4　明尼苏达多项人格调查表的信度与效度

大量研究证实，总体而言 MMPI 具有较高的信度和效度。值得注意的是，MMPI 的再测信度分布为0.50～0.90，同能力测验相比较低，且其效标团体来自精神病人，样本较小，所以预测效度只供参考。

4.2.5 对明尼苏达多项人格调查表的评价

MMPI 不但可提供医疗上的诊断，而且可用于正常人的个性评定。它首次将效度量表纳入个性量表，并成为解释过程中的一个组成部分，提高了测验的诊断价值。MMPI 测验规模十分庞大，能提供丰富的信息，但实施起来较费时，尤其对病人来说较为困难，往往要分段实施。后来，有许多人研究 MMPI 的新应用，总结、演化出 200 种以上的量表。也有人尝试缩小这一测验的规模，减少测验题目，缩短测验所需的时间。

4.2.6 中国版明尼苏达多项个性调查表

MMPI 于 20 世纪 80 年代被引进中国，中国科学院心理研究所组织了标准化修订工作，宋维真主持修订，1989 年完成，称为明尼苏达多项个性调查表。经过几十年的发展和修正完善，MMPI 在中国得到了广泛运用。在修订过程中发现，中国正常人的 D、Sc 量表 T 分明显高于西方人，但同时除 D、Sc 量表外西方人其他量表的 T 分又都明显高于东方人，这一结果与东方国家，尤其是日本的结果极为一致。所以根据东方国家特殊状况，排除 MMPI 得分 70 以上为异常的美国标准，而将

MMPI 得分 60 以上为异常作为中国标准。

4.3　因素分析法:以 16 种人格因素问卷为例

4.3.1　因素分析法的性质

因素分析是聚合彼此高度相关而与其他测验变量群相对独立的一些测验变量群的一种统计程序,为一种多变项统计法,用来测量心理学家所假定的建构或个人内部的潜在特质。若使用好几个测验,但欲知事实上一共只测量到几个共同因素,这时即可使用因素分析来了解这个问题。

前文已说过,因素分析由斯皮尔曼于 1904 年创建,最初用于智力问题研究,即通过统计分析过程将智力测验的题目加以分类,使相互之间密切相关的测题聚为同一组,这些测题与其他组的测题之间则相对独立。这些相互关联的测题所构成的组就被看作智力因素。一般同组内某测题成绩好,组内其他测题的成绩也高,但这一测题的成绩很难预测其他组测题的成绩。

将因素分析法引入人格理论研究和人格测验编制,并做出最重要贡献的是卡特尔。从某些重要的方面来说,只要理解了因素分析法就理解了卡特尔的人格理论,所以,我们以探讨因素分析法的基本方面作为探讨其人格理论的出发点。

因素分析法的实际就是相关性概念。当两件事物同时发生变化时，就被认为是相关的，说得确切些，是相互联系的。例如，高度和重量是相关的，因为当其中一个增加时，另一个也会增加。两个变量同时变化的趋势越强，那它们之间的相关性就越大。两个变量之间关系的强度在数学上可以用相关系数来表示，相关系数在－1.00～1.00之间发生变化。相关系数为1.00表示两个变量完全正相关，即当一个变量的测量值增加时，另一个变量的测量值也同样增加，且后者的增加量与前者的增加量存在纯线性关系。相关系数为－1.00表示两个变量完全负相关，即当一个变量的测量值增加时，另一个变量的测量值却减少，且后者的减少量与前者的增加量存在纯线性关系。相关系数为0.80时表示两个变量之间高度正相关，但并非完全相关。也就是说，两个变量之间存在着一种争相变化的趋势，但其变化量不存在纯线性的关系，可由一段二次函数或多次函数描述。相关系数为－0.56时表示两个变量之间存在适度的反向关系，也可由一段二次或多次函数来描述。

这里值得一提的是卡特尔的研究程序，其研究程序的特点是尽可能以多种形式对大量的个体进行测量。例如，他记录了各种人的日常行为，诸如碰到多少意外事故、所属社团的数量、社会关系的数量等。他把用这种方法收集到的数据称为L—数据，L表示生活记录。他给被试做一些问卷，要求他们在问卷上根据各种特征评定自己。他把用这种方法收集到的信息称为Q—数据，Q 表示问卷。最后，他使用自认为客观的测验去诱发被试作出回答，然后对回答加以分析。例如，被试接受单词联想测验时，必须在实验者每次说出一个单词时也要用一个单词来回答。用这种技术收集到的信息被他称为 T—数据，T 表示测验。

本节余下部分重点介绍卡特尔运用因素分析法编制的 16PF。

4.3.2 16 种人格因素问卷简介

卡特尔 16PF 是世界上最完善的心理测量工具之一。卡特尔是美国心理学家，最早运用因素分析法研究人格。他对心理测验的研究、对个体差异的测量，以及对应用心理学的倡导，有力地推动了美国心理学的机能主义运动。

卡特尔是人格特质理论的主要代表人物之一，对人格理论的发展作出了很大的贡献。要介绍 16PF，不能不提到特质理论，因为 16PF 是伴随着卡特尔的人格特质理论而发展的，二者可谓相辅相成。16PF 是卡特尔根据自己的人格特质理论，运用因素分析法编制的。卡特尔的理论和测验都从 16 个方面描述个体的人格特质。这 16 个因素或分量表的名称和符号分别是乐群性 A、聪慧性 B、稳定性 C、恃强性 E、兴奋性 F、有恒性 G、敢为性 H、敏感性 I、怀疑性 L、幻想性 M、世故性 N、忧虑性 O、激进性 Q1、独立性 Q2、自律性 Q3、紧张性 Q4。

4.3.3 16种人格因素问卷的测题与计分方法

16PF适用于16岁以上的青年和成人，现有5种版本：A、B本为全版本，各有187个项目；C、D本为缩减本，各有106个项目；E本适用于文化水平较低的被试，有128个项目。16PF中文修订本第1页如图4.2所示。

卡特尔16种人格因素问卷（16PF）

图4.2 16PF中文修订本第1页

该测验结构明确，每一题都备有三个可能的答案，被试可任选其一。在两个相反的选择答案之间有一个折中的或中性的答案，使被试有折中的选择（例如，我喜欢看球赛：a. 是的，b. 偶然的，c. 不是的；我喜欢的人大多是：a. 拘谨缄默的，b. 介于a与c之间的，c. 善于交际的)，避免了在是与否之间必选其一的强迫性，所以被试答题的自发性和自由性较好。为了克服动机效应，尽量采用中性测题，避免含有一般社会所公认的“对”或“不对”、“好”或“不好”的题目，而且被选用的问题中有许多表面上似乎与某种人格因素有关，但实际上却与另外一种人格因素密切相关。因此，受测者不易猜测每题的用意，有利于据实作答。测题的排列采取了按序轮流排列的方式，这既能使被试保持作答时的兴趣，又有利于防止凭主观猜测题意去作答。测验的名称是直接且非蒙蔽的，被试知道这是人格测验，或许有时会发现某一道题目的意义。但在多数情况下，测验题目和人格特质之间的关系并不明显。

16PF 的常模群体为正常人群，它的评价一般也是针对正常人，因而适用领域很广，既适合个别施测，也适合团体施测。每一次测验只需要 45 分钟左右即可完成。凡拥有相当于初三以上文化程度的青年、中年和老年人都适用。16PF 测量的 16 种人格因素如表 4.6 所示。

表 4.6　16PF 测量的 16 种人格因素

因素		高分者	低分者
A	乐群性	外向、热情、乐群	缄默、孤独、内向
B	聪慧性	聪明、富有才识	迟钝、学识浅薄
C	稳定性	情绪稳定而成熟	情绪激动不稳定

续表

因素		高分者	低分者
E	恃强性	好强固执、支配攻击	谦虚顺从
F	兴奋性	轻松兴奋、逍遥放纵	严肃审慎、沉默寡言
G	有恒性	有恒负责、重良心	权宜敷衍、原则性差
H	敢为性	冒险敢为，少有顾忌，主动性强	害羞、畏缩、退却
I	敏感性	细心、敏感、好感情用事	粗心、理智、注重实际
L	怀疑性	怀疑、刚愎、固执己见	真诚、合作、宽容、信赖随和
M	幻想性	富有想象、狂放不羁	现实、脚踏实地、合乎成规
N	世故性	精明、圆滑、世故、人情练达、善于处世	坦诚、直率、天真
O	忧虑性	忧虑抑郁、沮丧悲观、自责、缺乏自信	安详沉着、有自信心
Q1	激进性	自由开放、批评激进	保守、循规蹈矩、尊重传统
Q2	独立性	自主、当机立断	依赖、随群附众
Q3	自律性	知己知彼、自律谨严	不能自制、不守纪律、自我矛盾、松懈、随心所欲
Q4	紧张性	紧张、有挫折感、常缺乏耐心、心神不定，时常感到疲乏	心平气和、镇静自若、知足常乐

16PF的计分步骤如下：

（1）先检查有无明显错误及遗漏。

（2）三级记分：0、1、2，聪慧性（因素B）是2级记分。

（3）原始分→标准10分制→剖面图。

除聪慧性（B）量表的测题外，其他各分量表的测题无对错之分，每一测题各有a、b、c三个答案，可按0、1、2三级记分（B量表的测题有正确答案，采用二级记分，答对给1分，答错给0分）。使用计分模板得出各因素的原始分，再将原始分按常模表换算成标准分。这样既可依此分得出受测者的人格因素轮廓图，也可依此分去评价受测者的相应人格特质。或由计算机进行评分，抄录计算机评分结果。

关于分数解释：低分1～3特征，高分8～10特征。

实施16PF需要注意，人格测验无所谓对错，要先完成四个例题，且要确保每一测题只选择一个答案，没有遗漏任何测题，尽量不选择中性答案。

4.3.4 16种人格因素问卷的信度与效度

16PF重测信度较高，1981年测试表明，最高的信度系数为0.92（O因素），最低的信度系数为0.48（B因素）；分半信度不高。在效度方面，测试结果表明16种因素之间的相关性较弱，表明各因素之间是相互独立的。量表项目的因素负荷为0.73～0.96，同一因素中个体的反应高度一致。

4.3.5 对16种人格因素问卷的评价

16PF通过16个人格因素或分量表上的得分和轮廓图，不仅可以反映受测者人格的16个方面中每个方面的情况和其整体的人格特点组合情况，还可以通过某些因素的组合效应反映性格的内外向型、心理健康状况、人际关系情况、职业性向、在新工作环境中有无学习成长能力、从事专业能有成就者的人格因素符合情况、创造能力强者的人格因素符合情况，也可以反映受测者的人格素质状况并作为临床诊断工具用于心理临床诊断。此外，与其他类似的测验相比，16PF能在同等时间内测量更多方面的主要人格特质，是真正的多元人格量表。

4.3.6 16种个性因素问卷中文修订本

16PF共有三个中文版本，我国现在通用的是美籍华人心理学家刘永和在卡特尔的赞助下，与伊利诺伊大学人格及能力研究所的研究人员合作，于1970年发表的中文修订本，其常模是由2000多名中国学生得到的。

4.4 从人格自陈量表到投射技术

4.4.1 投射技术的性质

投射技术是心理学上用来测量人格的一种方法。以投射法中应用最为广泛的墨渍测验为例，当主试向被试呈示一张墨渍图片时，被试完全可以自由地给该墨渍加以某种意义的解释，从而获知他的动机、情绪、价值观、愿望等。用此方法研究人格，是立足于如下的基本假设：个体不是被动地接受外界的各项刺激，而是主动地、有选择地给外界的刺激赋予某种意义，而后再对之表现出适当的反应。事实上每个人均以其独特的方式整理自己的经验，组织所得到的来自各方面的资料，这正是他的人格功能。

关于投射技术的性质，可以从以下三方面进行概括。

(1) 投射测验就是给被试提供一个模糊而暧昧的刺激情境，使被试有机会表达内在的需求，以及许多特殊的知觉和对该情境所作的各种解释。通常有许多潜意识的东西在自陈量表中无法显露出来，但在投射测验中就不同了。

(2) 自陈量表包含若干标准化的问题，要求被试回答其在不同的情境中是如何感受和活动的。而投射测验不能告诉被试测验的目的，只能告之这是一种想象测验，它只是为被试提供相当自由的情境使其间接地充分说明他自己。

(3) 投射测验比自陈量表更注重整体人格的分析。

4.4.2　罗夏墨渍测验简介

投射技术包括以下若干种，如表 4.7 所示。

表 4.7 投射技术的种类

方法	相关测验
联想法	罗夏墨渍测验(Rorschach Inkblot Method, RIM)
构造法	主题统觉测验(Thematic Apperception Test, TAT)
完成法	句子完成测验(Sentence Completion Test, SCT)
表露法	麦氏画人测验(Machover Draw—A person Test, DAP Test)

本部分重点介绍 RIM。很早就有人发现墨渍图片能刺激人的想象,但最早将墨渍图片编为一套测验用作测量人格工具的,是瑞士精神医学家赫尔曼·罗夏(Hermann Rorschach)。罗夏曾利用许多墨渍图片对精神病患者做实验,根据他的临床观察,各种不同症状的精神病患者对墨渍图片有不同反应。经过认真分析,最终罗夏建立了一套记分系统,后来再加以改进,使之适合正常人。

4.4.3 罗夏墨渍测验的测题与计分方法

RIM 由 10 张精心制作的墨渍图构成。这些测验图片按一定顺序排列,其中 5 张为黑白图片(图 4.3、图 4.6、图 4.7、图 4.8、图 4.9),墨渍深浅不一;2 张主要是黑白图片,加了红色斑点(图 4.4、图 4.5),3 张为彩色图片(图 4.10、图 4.11、图 4.12)。这 10 张图片都是对称图形,且毫无意义。这里需要说明的是,本书为黑白印刷,图片无法显示色彩。

以下依次为 RIM 的全套 10 张图片。

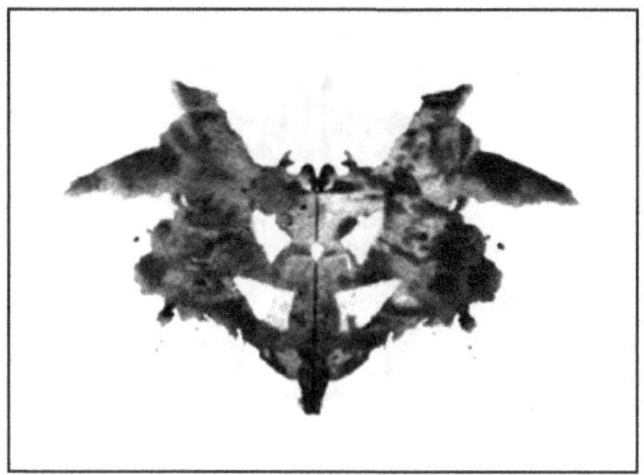

图 4.3　RIM 图片 1

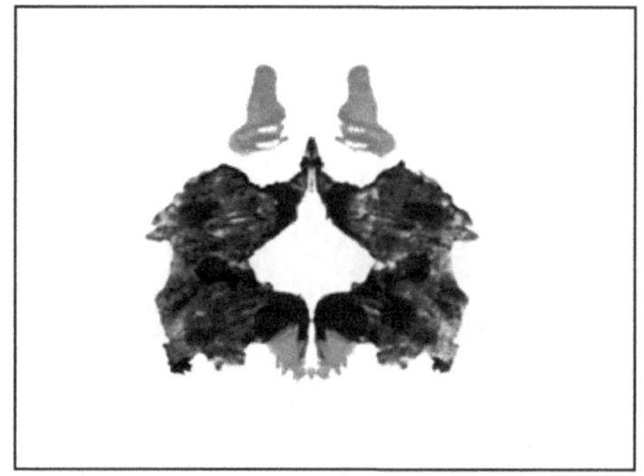

图 4.4　RIM 图片 2

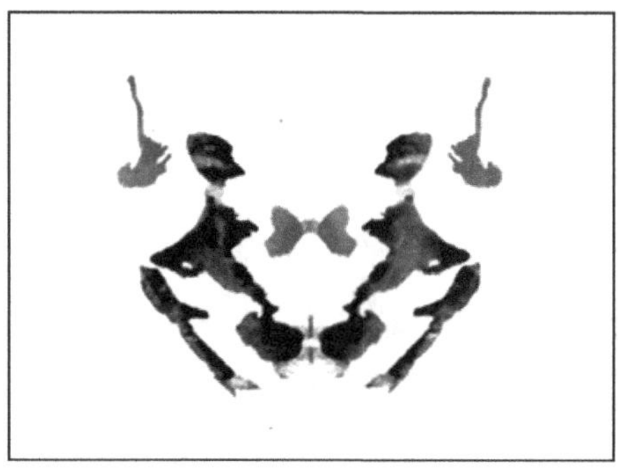

图 4.5　RIM 图片 3

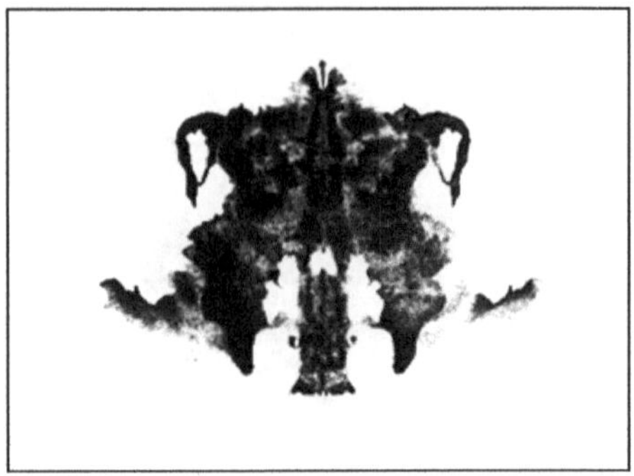

图 4.6　RIM 图片 4

图 4.7　RIM 图片 5

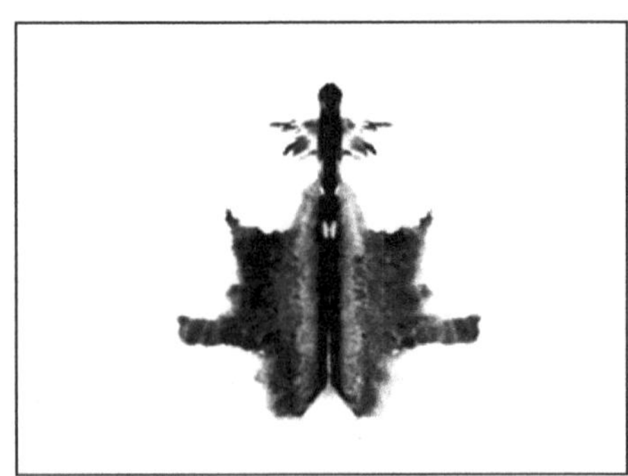

图 4.8　RIM 图片 6

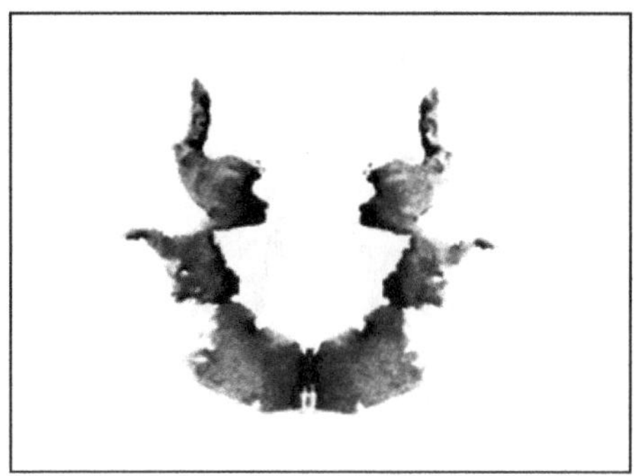

图 4.9　RIM 图片 7

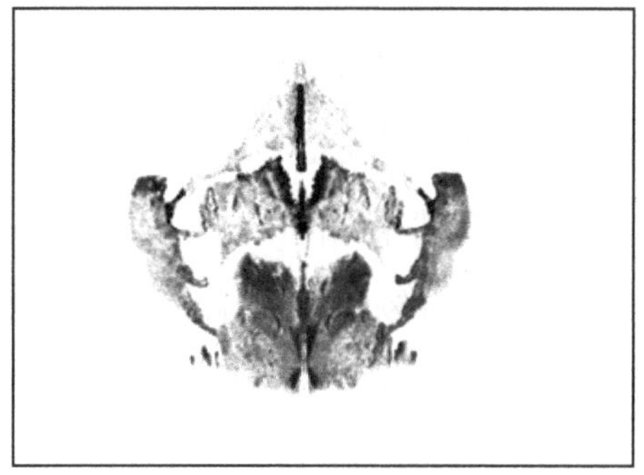

图 4.10　RIM 图片 8

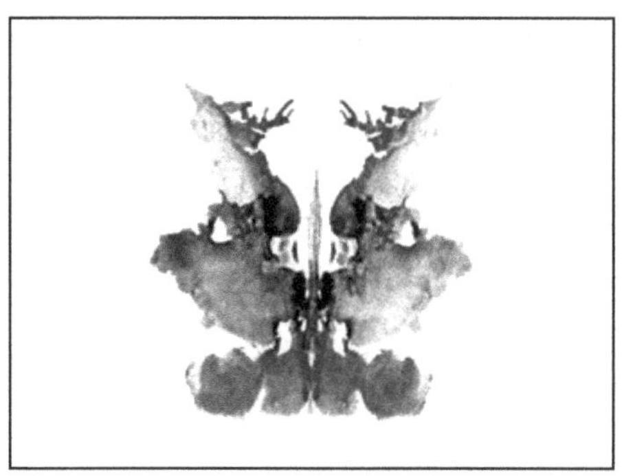

图 4.11　RIM 图片 9

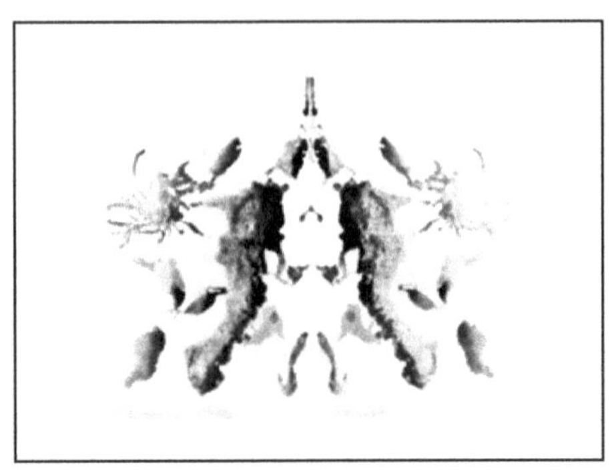

图 4.12　RIM 图片 10

这些图片在被试者面前出现的次序是有规定的。主试者的提问和说明也很简单，例如，这看上去像什么？这可能是什么？这使你想到什么？主试者所要做的是记录：反应的语句；每张图片出现到开始第一个反应所需的时间；各反应之间较长的停顿时间；对每张图片反应总共所需的时间；被试者的附带动作和其他重要行为等。

总之，RIM 测验方法的实施目的是诱导出被试者的生活经验、情感、个性倾向等心声。被试者在不知不觉中便会暴露自己的真实心理，因为他在描述图片上的故事时已经把自己的心态投射入情境之中了。

RIM 的记分及测验结果的解释如表 4.8 所示。

表4.8　RIM记分及测验结果解释方法

记分系统		解释
定位	整体(W)、部分(D)、小部分(d)、细节(Dd)、空白(S)	如被试有W分,表示他有组织能力和抽象思考的能力。D分数表示有具体的、实际的、少创见性的心理能力。Dd表示有特殊的知觉,有时表示有精确的批评能力。如果表现极端,则表示注意琐事。刻板而有规则的人,往往先有W,而后有D,接着有Dd,最后有S,精神病患者的反应往往先后次序混乱
定性	形状(F)	被试如有F+或F,表示他对于心智的过程和做事有控制能力。分裂型的人,其行为无组织,对事曲解,故常有F−分。F分过高,表示在社会适应性上会受限制
	黑白光度(K)	对于黑白光度的反应,可视为与被试的需求、焦虑、压抑和不满足感有连带关系
	色彩(C)	被试只有反应色彩,则表示其行为冲动;FC表示具有情绪上的控制和社会适应能力;CF表示冲动和以自我为中心
	运动(M)	对正常人而言,有M分表示有丰富的社交和理想的生活,加上较少的C分数还表示有创造性。如只有运动反应而无色彩反应,表示有内心的生活,这是内向的人格;运动反应少,色彩反应多,表示是外向的人格
内容	植物、动物、人类、风景、人为事物、解剖的部分、性和其他	如果被试反应的范围很窄,可能表示其兴趣很窄。有时主试可以从内容上看出精神病的意义,如被试解释某一图片为“两眼看着我”,则为妄想的反应;而解释为“木偶”,则为精神分裂症的典型反应

续表

记分系统	解释
独创和从众	如果被试的反应与一般人不同,则可能表示他有独特的见解,智商比较高,或者是有意歪曲事实,有社会适应不良的倾向。反之,反应与一般人有许多雷同的地方,可能表示他的智商一般,或者社会适应良好

4.4.4 罗夏墨渍测验的信度与效度

关于RIM的信度和效度研究一直存在很大争议。不过,就包括RIM在内的投射测验而言,总体上其信度只能采用评分者的信度来表示。至于效度,因测验的控制(被试的主观状态,如饥饿、焦虑,被试的指导语和性别等)和统计分析过程的缺陷,往往还不能得出有效的结论。

4.4.5 对罗夏墨渍测验的评价

RIM的临床价值已被长期的精神医学治疗实践所证实。作为投射测验,RIM有转移被试注意力和心理防卫的优点,这是由于从测验材料上来看它不像一个正式测验,结果也无所谓对与错。它的适用范围很广,从儿童到成人,从有文化的人至文盲都可适用。

迄今为止,RIM实际上主要依据临床心理学家和精神病医生的经验对测验结果加以解释,标准化和客观性仍需改进。另外,其计分和实施也被认为过于烦琐。

结束语

Concluding Remarks

心理测量既是一门科学或学术，同时也是一种职业或实践。作为一门职业的实践肇始于古代中国的考试制度。隋唐至清末 1 300 多年科举制盛行，对人才的选拔悉以考试结果为准则，自从利玛窦 1582 年来我国之后，我国传统的制度文化逐渐传入欧洲。科举制度一经传入欧洲，备受启蒙思想家伏尔泰的赞扬。于是，夺取政权后的法国资产阶级于 1791 年参照我国的科举制度建立了自己的文官考试制度。随后，英美两国也相继建立类似制度。它们为受官任职制定了准绳，打破了门第或名人推荐的限制，扩大了资产阶级进入政府的通道。

就考试而言，欧洲的考试制度经过 600 多年的演变才得以逐步完善。根据可考证的史料记录，在西方，最早的口试出现在 1219 年，正值中国的南宋时期，当时中国的科举制度已进入成熟期。西方最早的书面考试则出现更晚，是在 1702 年。这里值得一提的是，在欧洲，当时考试的目的是测试学术能力，与仕途没有直接关系。至于英美法等国专门通过考试来选拔文职官员的制度安排，则完全是在中国科举制度的影响下才开始施行的。

心理测量学的科学或学术源头是威廉·冯特(Wilhelm Wundt)创立的实验心理学。1879年，德国莱比锡大学生理学教授冯特在该校设立第一所心理实验室，用生理学和物理学的仪器及方法来做心理实验，从此心理学开始成为一门实验科学。但作为一名德国教授，冯特更关注的是整体性，是人类的共性，而心理测量研究的是个别差异。因此冯特是实验心理学之父，却不是心理测量学之父。

科学意义上的个别差异研究始于美国机能主义心理学家詹姆斯·麦卡恩·卡特尔(James McKeen Cattell，注意：他与前文多次提到的对智力结构和人格特质理论以及智力和人格测验编制实践作出重大贡献的雷蒙德·伯纳德·卡特尔不是同一人)。卡特尔所在的机能主义学派的主要观点几乎使科学的心理测量呼之欲出，主要包括：从研究心理的共同规律问题转向研究个别差异问题；从重视内省方法转向重视客观的方法；从研究心理学"是什么"问题转向研究心理学"为什么"问题；从主张心理学是一门纯科学转向主张心理学是一门应用科学。

1890年，卡特尔在《心灵》(*Mind*)杂志发表了《心理测验及其测量》(*Mental tests and measurement*)一文。

在该文中，他首创了“智力（心理）测验（mental test）”这个术语，并发表了历史上第一个智力测量量表。由于受到当时甚嚣尘上的还原主义哲学思想的影响，该量表主要测量运动和感知觉等低级心理过程。而智力落后儿童和正常儿童通常在低级心理过程上差别不大，因此该测验的效标效度（与学生学业成绩的相关性）很低。或者说，该测验实际在测什么我们不知道，但肯定不在测智力。

第一个在实证主义意义上，真的在测智力的智力测验是比奈—西蒙智力量表，该测验由法国心理学家，被称为心理测验之父的比奈主持编制。比奈—西蒙智力量表包括 1905 年量表、1908 年量表和 1911 年量表，因此，1905 年也被认为是科学心理测验和心理测量科学诞生的年份。

比奈—西蒙智力量表 1905 年量表共包括 30 个测验项目，具有如下两大特点：一是项目种类繁多，可以测量智力多方面的表现；二是测验项目的排列由浅至深，使同一量表可以测量智力高低不同的儿童。

比奈—西蒙智力量表 1905 年量表若干测题

题号	题目	
1	看	将一根点燃的火柴在儿童面前慢慢移动，看儿童眼睛是否能随之移动
8	图片之认识	给儿童看一张图片，然后询问他图片上某物在何处

续表

题号	题 目	
15	重述句子	每个句子有 15 个字母，先说一次给儿童听，然后要其背诵
22	比较重量	把 5 个重量不同(18 克、15 克、12 克、9 克和 6 克)的物品依次排列
30	抽象名词之意义	例如，革命与进化、总统与皇帝有何不同

那为什么比奈—西蒙智力量表 1905 年量表的发表标志着科学心理测验和心理测量科学的诞生？要理解这一点，就必须先理解比奈方法的若干特性及其重要性。

(1) 用年龄作准则。1905 年量表虽然没有用智力年龄作为测量智力的单位，但是它根据被试通过项目的多少来评估被试的智力水平，这表明该量表已经有了年龄量表的雏形。量表本质上是一把尺，物理尺一定要有基准(零点)和单位(刻度)，心理测量量表也同样需要基准和单位。只不过与测量定距量表的物理尺不同，心理测量量表测量的是从等级量表转化而来的定距量表，其基准是常模。从这个角度看，1905 年量表已初具年龄量表的雏形，也基本有了基准和单位，因此也就基本算合格的心理测量量表了。

(2) 明确心理过程有低级和高级之分。它包括 30 个由易到难排列的项目，可以测量智力多方面的表现，比如记忆、理解、手工操作等等，尤其是有一些测量解决复杂任务的高级心理过程的项目。前面已经说过，智力是一种统计构念，在客观世界里到底有没有，理性无法知晓。但使用这个构念是有用的，比如用智力测验的结果预测人生的成功。学校里的学业成绩同样可以预测人生的成功，因此，学业成绩常被作为一个智力测验是否真的在测智力的效标。比奈之前的心理学家受还原主义思想影响，所编制的智力测验主要测量低级心理过程，与学业成绩的相关性自然很弱。而比奈—西蒙智力量表注重测量高级心理过程，与学校里学业成绩的相关性大大提高，所以被认为真的在测智力。

心理测量学的理论源头与实践源头，或作为一种学术的心理测量和作为一门职业的心理测量交汇于第一次世界大战。第一次世界大战爆发于 1914 年，美国保持中立，其中一个重要原因是当时美国远未做好参战的军事准备。1917 年，美国终于参战，到 1918 年战争结束，美国的常备军人数已从 13 万迅速扩充到 400 万。为了将这数百万文化教育水平和种族阶级背景千差万别，甚至语言不通的乌合之众迅速转变为一支训练有素的世界第一大军队，美国国会命令组织了包括一流心理学家在内的新兵选拔委员会进行新入伍官兵的甄选。该新兵选拔委员会主持编制的军队 α、β 测验及其大规模施行，不仅对心理测量学，也对整个心理学意义都十分重大。先后共有 200 多万名官兵参加了测验，成为智力测验的被试。这与比奈当年只有几十个正常儿童和十几个智力落后儿童作为被试形成鲜明对比。对于主要依靠统计分析的心理学而言，样本量的指数级增加能大大提高其科学性。此外，这200多万名官兵与几乎所有美国家庭都有联系，这使得智力测验经常在街头巷尾被热议。这促使心理学不仅成为大学里的一门学术，也成为走进千家万户的如医学、法律和会计这样的职业。

弹指一挥间，一个世纪过去了。目前在世界范围内，心理测量的价值已得到广泛认可，并在许多领域得到广泛应用。

一般认为，心理测量的主要作用包括以下几方面。

(1) 帮助了解情绪和行为模式。通过心理测量可以帮助当事人了解自己的情绪、行为模式和人格特点。

(2) 诊断和评估。心理测量可以用于诊断个体的心理问题，评估智力水平、情绪状态和行为问题等。

(3) 选拔人才。通过心理测量可以在众多候选人中确定有最大可能成功的人选，适用于班级教学、职业指导等方面。

(4) 预测未来。通过心理测量可以推测个体在未来的成功可能性，如智力测验和能力倾向测验。

(5) 辅助诊断和治疗。心理测量可以辅助诊断抑郁症等心理问题，并提供相应的治疗建议。

同时，心理测量主要在以下各个领域得到了广泛的应用。

(1) 学校教育。用于评估学生的智力水平、学习能力等，帮助教师因材施教。

（2）职业指导。通过智力测验和能力倾向测验，帮助个体选择合适的职业。

（3）心理咨询。帮助当事人了解自己的情绪、行为模式和人格特点，提供相应的建议和干预措施。

（4）医学领域。用于评估智力水平、情绪状态、行为问题等，帮助医生制订治疗方案。

（5）人才选拔。在招聘过程中，通过心理测验筛选合适的人才，提高选拔的效率和准确性。

当然，心理测量的发展也非一马平川的坦途。1936年，苏联在批判儿童学时扩大化，以心理测验测量的是抽象的人，实际偏袒地主富农子弟为由加以禁止。20世纪60年代，美国一些州政府以智力测验宣传黑人智力较低，导致种族矛盾为由，立法禁止在本州进行智力测验。公平地说，任何人不可能全知全能，上述一些政治家由于缺乏对心理测量学基本原理的了解，采取的一些具体做法确实值得商榷，但他们推进阶级与种族平等的目的无可厚非。心理学家当然应该竭尽全力让自己的研究服务于推进人类进步的崇高目标，但若因学识水平有限，只能享受纯学理研究的鱼水之乐，就应退守君子固穷之道，以学术道德和测验道德为底线。

进一步说，历史上的那些心理测量无用论甚至有害论或许今天看来已不值一驳，但一个更大的危险，即心理测量万能论，其危害表现为任意使用和解释心理测量及其结果，却始终如影随形般地威胁着心理测量的健康发展。如果为了一时的利益(包括研究经费)，而对心理测量的结果和作用做不正确的误读夸大，比如明知心理测量的数据是转化为定距量表的定序量表，而对其进行如定比量表的解释，历史的经验教训告诉我们，结果往往是自取其辱，甚至给整个心理测量专业带来灭顶之灾。

从学理上说，心理测量是科学，这就意味着它同其他科学一样，既不是无用的，也不是万能的。比如，从事心理工作的人经常碰到一个有些尴尬且一两句话解释不清的问题，那就是对某个特定被试的测量结果到底准不准。类似的问题实际上任何科学工作者包括工程师同样难以回答。比如，根据国际航空运输协会(International Air Transport Association, IATA)的统计数据，民用飞机每次飞行出现事故的概率是百万分之1.26，出现致命风险的概率是百万分之0.13。但令工程师尴尬的是，他们并不能确定某一特定飞机飞出去后是否会发生事故，甚至发生致人死亡的空难。因为如果他们知道，就不会让其起飞。这个例子也许有助于理解为什么说科学，包括心理测量学不是万能的。

尽管测量的结果可能会对被试产生很大影响，但就个别被试的测量结果是否准确这一问题来询问心理学家，却是一个强人所难的问题，也是一个超越了理性和科学范围的问题，也就是问题错了。正确的问题应该是，测准的可能性有多少？100 个被试中有多少能测得准？一架飞机发生事故甚至空难的概率是多少？这就是科学所能回答的问题了，我们依此可以区分好的飞机和坏的飞机，或好的测验和坏的测验。由此可见，科学（包括心理测量学）不是万能的，但也绝不是无用的。

最后，让我们回到中学物理第一节课的内容：测量不可能消除误差，但可以减少误差。前者说明科学不是绝对的，后者说明科学是有用的。学了这门课，我们知道，这个道理对心理测量也是适用的。

附录

心理测验管理条例与职业道德

心理测验管理条例

(中国心理学会,2015 年 5 月)

第一章　总则

第 1 条　为促进中国心理测验的研发与应用,加强心理测验的规范管理,根据国家有关法律法规制定本条例。

第 2 条　心理测验是指测量和评估心理特征(特质)及其发展水平,用于研究、教育、培训、咨询、诊断、矫治、干预、选拔、安置、任免、就业指导等方面的测量工具。

第 3 条　凡从事心理测验的研制、修订、使用、发行、销售及使用人员培训的个人或机构都应遵守本条例以及中国心理学会《心理测验工作者职业道德规范》的规定,有责任维护心理测验工作的健康发展。

第 4 条　中国心理学会授权其下属的心理测量专

业委员会负责心理测验的登记和鉴定，负责心理测验使用资格证书的颁发和管理，负责心理测验发行、出售和培训机构的资质认证。

第二章 心理测验的登记

第 5 条 凡个人或机构编制或修订完成，用以研究、测评服务、出版、发行与销售的心理测验，都应到中国心理学会心理测量专业委员会申请登记。

第 6 条 登记是心理测验的编制者、修订者、版权持有者或其代理人到中国心理学会心理测量专业委员会就其测验的名称、编制者（修订者）、版权持有者、测量目标、适用对象、测验结构、示范性项目、信度、效度等内容予以申报，中国心理学会心理测量专业委员会按照申报内容备案存档并予以公示。心理测验登记的申请者应当向中国心理学会心理测量专业委员会提供测验的完整材料。

第 7 条 测验登记的申请者必须确保所登记的测验不存在版权争议。凡修订的心理测验必须提交测验原版权所有者的书面授权证明。

第 8 条 中国心理学会心理测量专业委员会在收到登记申请后，将申请登记的测验在中国心理学会心理测量分会的有关刊物和网站上公示 3 个月（条件具备时同时在相关学术刊物公示）。3 个月内无人对版权提出异议的，视为不存在版权争议；有人提出版权异议的，责成申请者提交补充证明材料，并重新公示（公示期重新计算)。

第 9 条 公示的测验内容包括但不限于测验的名称、编制者(修订者)、版权所有者、测量目标、适用对象、结构、示范性项目、信度和效度。

第 10 条 对申请登记的测验提出版权异议需要提供有效证明材料。1 个月内不能提供有效证明材料的版权异议不予采纳。

第 11 条 中国心理学会心理测量专业委员会只对登记内容齐备、能够有效使用、没有版权争议的心理测验提供登记。凡经过登记的心理测验,均给予统一的分类编号。

第三章 心理测验的鉴定

第 12 条 心理测验的鉴定是指由中国心理学会心理测量专业委员会指定的专家小组遵循严格的认证审核程序对测验的科学性、有效性及其信息的真实性进行审核验证的过程。

第 13 条 心理测验只有获得登记才能申请鉴定。中国心理学会心理测量专业委员会只对没有版权争议、经过登记的心理测验进行鉴定,只认可经科学程序开发且具有充分科学证据的心理测验。

第 14 条 中国心理学会心理测量专业委员会每年受理两次测验鉴定的申请。

第 15 条 鉴定申请材料包括但不限于以下内容:测验(工具)、测验手册(用户手册和技术手册)、记分方法、计分方法、测验科学性证明材料、信效度等研究的原始数据、测试结果报告案例、信息函数、题目参数、测验设计、等值设计、题库特征等内容资料。

第16条　对不存在版权争议的测验，中国心理学会心理测量专业委员会组织专家在3个月内完成鉴定。

第17条　鉴定工作程序包括初审、匿名评审、公开质证和结论审议4个环节。

1）初审主要审核鉴定申请材料的完备程度和是否存在版权争议。

2）初审符合要求后进入匿名评审。匿名评审按通讯方式进行。参加匿名评审的专家有5名（或以上），每个专家都要独立出具是否同意鉴定的书面评审意见。无论鉴定是否通过，参与匿名评审专家的名单均不予以公开，专家本人也不得向外泄露。

3）匿名评审通过后进入公开质证，由鉴定申请者方面向鉴定专家小组说明测验的理论依据、编修或开发过程、相关研究和实际应用等情况，回答鉴定专家小组成员以及旁听人员对测验科学性的质询。鉴定专家小组由5名以上专家组成，成员由中国心理学会心理测量专业委员会聘任或指定。

4）公开质证结束后进入结论审议。鉴定专家小组闭门讨论，以无记名方式投票表决，对测验做出科学性评级。科学性评级分A级（科学性证据丰富，推荐使用）、B级（科学性证据基本符合要求，可以使用）、C级

(科学性证据不足,有待完善)。

第 18 条 为保证测验鉴定的公正性,规定如下:

1) 测验的编制者、修订者和鉴定申请者不得担任鉴定专家,也不得指定鉴定专家;

2) 为所鉴定测验的科学性和信息真实性提供主要证据的研究者或者证明人不得担任鉴定专家;

3) 参加鉴定的专家应主动回避直系亲属及其他可能影响公正性的测验鉴定;

4) 参与鉴定的专家应自觉维护测验评审工作的科学性和公正性,评审时只代表自己,不代表所在部门和单位。

第 19 条 为切实保护鉴定申请者和鉴定参与者的权益,参加鉴定和评审工作的所有人员均须遵守以下规定:

1) 不得擅自复制、泄露或以任何形式剽窃鉴定申请者提交的测验材料;

2) 不得泄露评审或鉴定专家的姓名和单位;

3) 不得泄露评审或鉴定的进展情况和未经批准和公布的鉴定或评审结果。

第 20 条 对于已经通过鉴定的心理测验,中国心理学会心理测量专业委员会颁发相应级别的证书。

第四章 测验使用人员的资格认定

第 21 条 使用心理测验从事职业性的或商业性的服务,测验结果用于教育、培训、咨询、诊断、矫治、干预、选拔、安置、任免、指导等用途的人员，应当取得测验的使用资格。

第 22 条　测验使用人员的资格证书分为甲、乙、丙三种。甲种证书仅授予主要从事心理测量研究与教学工作的高级专业人员，持此种证书者具有心理测验的培训资格。乙种证书授予经过心理测量系统理论培训并通过考试，具有一定使用经验的人。丙种证书为特定心理测验的使用资格证书，此种证书需注明所培训使用的测验名称，只证明持有者具有使用该测验的资格。

第 23 条　申请获得甲种证书应具有副高以上职称和 5 年以上心理测验实践经验，需由本人提出申请，经 2 名心理学教授推荐，由中国心理学会心理测量专业委员会统一审查核发。

第 24 条　申请获得乙种和丙种证书需满足以下条件之一：

1）心理专业本科以上毕业；

2）具有大专以上（含）学历，接受过中国心理学会心理测量专业委员会备案并认可的心理测量培训班培训，且考核合格。

第 25 条　心理测验使用资格证书有效期为 4 年。4 年期满无滥用或误用测验记录，有持续从事心理测验研究或应用的证明（如论文、被测者承认的测试结果报告、测量专家的证明），或经不少于 8 个小时的再培训，予以重新核发。

第 26 条　中国心理学会心理测量专业委员会对获得心理测验使用资格的人颁发相应的证书。

第五章　测验使用人员的培训

第 27 条　为取得心理测验使用资格证书举办的培训,必须包括有关测验的理论基础、操作方法、记分、结果解释和防止其滥用或误用的注意事项等内容,安排必要的操作练习,并进行严格的考核,确保培训质量。学员通过考核方能颁发心理测验使用资格证书。

第 28 条　在心理测验培训中,应将中国心理学会心理测量专业委员会颁布的心理测验管理条例与心理测验工作者职业道德规范纳入培训内容。

第 29 条　培训班所讲授的测验应当经过登记和鉴定。为尊重和保护测验编制者、修订者或版权拥有者的权益,培训班所讲授的测验应得到测验版权所有者的授权。

第 30 条　培训班授课者应持有心理测验甲种证书(讲授自己编制的、已通过登记和鉴定的测验除外)。

第 31 条　中国心理学会心理测量专业委员会对心理测验使用资格的培训机构进行资质认证,并对培训质量进行监控管理。

第 32 条　通过资质认证的培训机构举办心理测量培训班需到中国心理学会心理测量专业委员会申报登记,并将培训对象、培训内容、课时安排、考核方法、收费标准与详细培训计划及授课人的基本情况上报备案。

中国心理学会坚决反对不具有培训资质的培训机构或者个人举办心理测验使用培训。

第 33 条　培训的举办者有责任对培训人员的资质情况进行审核。

第 34 条　培训中应严格考勤。学员因故缺席培训超过 1/3 以上学时的，或者未能参加考核的，不得颁发资格证书。

第 35 条　培训结束后，主办单位应将考勤表、试题及学员考核成绩等培训情况报中国心理学会备案。凡通过考核的学员需填写心理测量人员登记表。

第 36 条　中国心理学会心理测量专业委员会建立心理测验专业人员档案库，对获得心理测验使用资格者和专家证书者进行统一管理。凡参加中国心理学会心理测量专业委员会审批认可的心理测量培训班学习并通过考核者，均予颁发心理测验使用资格证书，列入中国心理学会心理测量专业委员会专业心理测验人员库。

第六章　测验的控制、使用与保管

第 37 条　经登记和鉴定的心理测验只限具有测验使用资格者购买和使用。未经登记和鉴定的心理测验中国心理学会心理测量专业委员会不予以推荐使用。

第 38 条　为保护测验开发者的权益，防止心理测验的误用与滥用，任何机构或个人不得出售没有得到版权或代理权的心理测验。

第 39 条　凡个人和机构在修订与出售他人拥有版

权的心理测验时，必须首先征得该测验版权所有者的同意；印制、出版、发行与出售心理测验器材的机构应该到中国心理学会心理测量专业委员会登记备案，并只能将测验器材售予具有测验使用资格者；未经版权所有者授权任何网站都不能使用标准化的心理量表，不得制作出售任何心理测验的有关软件。

第 40 条　任何心理测验必须明确规定其测验的使用范围、实施程序以及测验使用者的资格，并在该测验手册中予以详尽描述。

第 41 条　具有测验使用资格者，可凭测验使用资格证书购买和使用相应的心理测验器材，并负责对测验器材的妥善保管。

第 42 条　测验使用者应严格按照测验指导手册的规定使用测验。在使用心理测验结果作为诊断或取舍等重要决策的参考依据时，测验使用者必须选择适当的测验，并确保测验结果的可靠性。测验使用的记录及书面报告应妥善保存 3 年以备检查。

第 43 条　测验使用者必需严格按测验指导手册的规定使用测验。在使用心理测验结果作为重要决策的参考依据时，应当考虑测验的局限性。

第 44 条　个人的测验结果应当严格保密。心理测验结果的使用须尊重测验被测者的权益。

第七章　附则

第 45 条　对于已经通过登记和鉴定的心理测验，

中国心理学会心理测量专业委员会协助版权所有者保护其相关权益。

第46条　中国心理学会心理测量专业委员会对心理测验进行日常管理。为方便心理测验的日常管理和网络维护，对测验的登记、鉴定、资格认定和资质认证等项服务适当收费，制定统一的收费标准。

第47条　测验开发、登记、鉴定和管理中凡涉及国家保密、知识产权和测验档案管理等问题，按国家和中国心理学会有关规定执行。

第48条　中国心理学会对违背科学道德、违反心理测验管理条例、违背《心理测验工作者道德准则》和有关规定的人员或机构，视情节轻重分别采取警告、公告批评、取消资格等处理措施，对造成中国心理学会权益损害的保留予以法律追究的权力。

第49条　本条例自中国心理学会批准之日起生效，其修订与解释权归中国心理学会心理测量专业委员会。

心理测验工作者职业道德规范
（中国心理学会，2015年5月）

凡以使用心理测验进行研究、诊断、安置、教育、培训、矫治、发展、干预、选拔、咨询、就业指导、鉴定等工作为主的人，都是心理测验工作者。心理测验工作者应意识到自己承担的社会责任，恪守科学精神，遵循下列职业道德规范：

第 1 条　心理测验工作者应遵守《心理测验管理条例》，自觉防止和制止测验的滥用和误用。

第 2 条　心理测验工作者必须具备中国心理学会心理测量专业委员会认可的心理测验使用资格。

第 3 条　中国心理学会坚决反对不具有心理测验使用资格的人使用心理测验；反对使用未经注册或鉴定的测验，除非这种使用出于研究目的或者是在具有心理测验使用资格的人监督下进行。

第 4 条　心理测验工作者应使用心理测量学品质好的心理测验。

第 5 条　心理测验工作者有义务向受测者解释使用测验的性质和目的，充分尊重受测者的知情权。

第 6 条　使用心理测验需要充分考虑测验结果的局限性和可能的偏差，谨慎解释测验的结果和效能，既要考虑测验的目的，也要考虑影响测验结果和效能的多方面因素，如环境、语言、文化、受测者个人特征、状态等。

第 7 条　应以正确的方式将测验结果告知受测者。应充分考虑到测验结果可能造成的伤害和不良后果，保护受测者或相关人免受伤害。

第 8 条　评分和解释要采取合理的步骤确保受测者得到真实准确的信息，避免做出无充分根据的断言。

第 9 条　应诚实守信，保证依专业的标准使用测验，不得因为经济利益或其他任何原因编造和修改数据、篡改测验结果或降低专业标准。

第10条　开发心理测验和其他测评技术或测评工具，应该经由经得起科学检验的心理测量学程序，取得有效的常模或临界分数、信度、效度资料，尽力消除测验偏差，并提供测验正确使用的说明。

第11条　为维护心理测验的有效性，凡规定不宜公开的心理测验内容如评分标准、常模、临界分数等，均应保密。

第12条　心理测验工作者应确保通过测验获得的个人信息和测验结果的保密性，仅在可能发生危害受测者本人或社会的情况时才能告知有关方面。

第13条　本条例自中国心理学会批准之日起生效，其修订与解释权归中国心理学会心理测量专业委员会。

主要参考文献与建议阅读书目

References

第 1 章

[1] 巴·科恩. 心理统计学:第 3 版[M]. 高定国,周欣悦,译. 上海:华东师范大学出版社,2011.

[2] 约·罗斯特,迈·科辛斯基,戴·史迪威. 现代心理测量:第 4 版[M]. 孙鲁宁,李思瑶,骆方,译. 北京:中国人民大学出版社,2025.

[3] 琳·克罗克,詹·阿尔吉纳. 经典和现代测验理论导论[M]. 金瑜,译. 上海:华东师范大学出版社,2004.

[4] CHEN Y Y, LIU Q, HUANG Z Y, et al. Tracking knowledge proficiency of students with educational priors, the 26th ACM international conference on information and knowledge management (CIKM'2017) [R]. Singapore, 2017:989-998.

第 2 章

[5] 西·科荣.我们真的可以测量智力吗[M].何素珍,译.上海:上海科学技术文献出版社,2017.

[6] 斯蒂芬·默克多.智商测试:第2版[M].卢欣渝,译.北京:生活·读书·新知三联书店,2009.

[7] 罗·斯腾伯格.超越IQ人类智力的三元理论[M].俞晓琳,吴国宏,译.上海:华东师范大学出版社,2004.

第 3 章

[8] 冯伯麟.教育统计学[M].北京:人民教育出版社,2005.

[9] 黄光扬.教育测量与评价:第3版[M].上海:华东师范大学出版社,2022.

[10] 余民宁.教育测验与评量:成就测验与教学评量:第2版[M].台北:心理出版社,2002.

第 4 章

[11] 汉·埃森克.人格测量[M].陈刚,刘进,译.昆明:云南人民出版社,1988.

[12] 徐光兴.罗夏墨迹测验的理论与技术[M].上海:华东师范大学出版社,2022.

[13] 宋专茂.心理健康测量[M].广州:暨南大学出版社,2005.

结束语

[14] 宫崎市定.科举史[M].马云超,译.郑州:大象出版社,2020.

[15] 埃・希雷.心理学史[M].郑世彦,刘思诗,柴丹,等译.北京:机械工业出版社,2018.

[16] 罗・格雷戈里.心理测验:历史、原理及应用[M].施俊琦,译.北京:人民邮电出版社,2008.

国内外重要心理测验官网

Stanford-Binet Intelligence Scale: https://stanfordbinettest.com/

Scholastic Aptitude Test: https://satsuite.collegeboard.org/sat

全国大学英语四、六级考试：https://cet.neea.edu.cn/

Minnesota Multiphasic Personality Inventory: https://mmpi.umn.edu/